海洋生物学の冒険

松本亜沙子

人間と歴史社

目次

第四章　明治の西洋動物学の黎明　木下熊雄〈上〉……107

第五章　明治の西洋動物学の黎明　木下熊雄〈下〉……157

第一章　海洋生物学の冒険

海は〝道〟か

海洋と人間とのかかわり方は、海を〝漁場〟としてとらえ、海自体を「目的地」として考えるか、あるいは海を〝陸から陸へ〟の移動経路である「道」として考えるか、によって大きく異なる。第二章「〈海の視点〉〈陸の視点〉」で述べたテーマは、陸の視点と海の視点による距離感の違いである。本書ではさらに、海の視点を「道」としての海と「漁場」としての海に分け、前半（第三章）を〝道の海〟としてみた西洋における海洋研究の代表者として、オーストリア・ウィーンの海洋生物研究を取り上げ、後半（第四章、第五章）を〝漁場の海〟として見た研究の代表者として、日本における「木下熊雄」という海洋生物学者を取り上げた。

第三章においてオーストリア・ウィーンの研究者によって代表される西洋科学では、あくまでも海を「道」として考え、その目的地域における生物多様性のホット・スポットはとくに考慮せず、むしろ政治的商業的あるいは「地政学的」に意味があると考えられる場所で採集を行なってきた。これは、純粋な学術目的の世界一周航海としては〝初〟といってもよい、ヴィクトリア女王時代のイギリスによる「チャレンジャー号」の海洋調査（一八七二〜一八七六年）においても特徴的である。なお、ヴィクトリア女王が初代インド女帝となったのは「チャレンジャー号」航海の翌年、一八七七年のことである。

その他の海洋調査航海は、第四章で述べたオーストリア帝国のアジア・日本海域への航海はもちろん、進化論で有名なイギリスのダーウィンの乗船した「ビーグル号」(一八三一〜一八三六年)もイギリス海軍の測量船であったし、「フンボルト海流」を発見したドイツのアレクサンダー・フォン・フンボルトの乗船した船もスペインのコルベット艦「ピサロ号」がスペイン領アメリカ植民地に行く航海のものであり、すべて純粋な科学目的によるものではなく、科学者がメインの航海でもなかった。

一方、第四章、第五章において、わたしが主研究対象としてきた深海・冷水域サンゴにおける一〇〇年前の先輩研究者である海洋生物学者としての木下熊雄は、海を〝漁場〟としてとらえ、採集を行なってきた。それは、彼がサンゴ採集の場所としてすでによく知られていた鹿児島の海域や、日本におけるサンゴ漁の方法を確立した土佐の柏島など、生物学的なホット・スポット、とくに生物多様性が高く生態系の中で非常に重要な地点、を選んでいることに反映されている。

わたしが、このような海に対する視点の違いに気づいたのは、二〇〇八年に日本の海洋調査船(淡青丸、白鳳丸)とドイツの海洋調査船「ゾンネ」(ドイツ語で「太陽」)の双方に乗船し、調査を行なうことができた経験によっている(図1-1)。海を「漁場」としてとらえる視点か「道」としてとらえる視点かはまた、「漁師型」と「海賊型」という対比に置き換えることもできると思う。ちなみに、ここで「海賊型」というのは貿易などの航海も含めることができる。この違いは、日本の海洋調査船とドイツの調査船における調査スタンスにも表れていた。

図 1-1　白鳳丸　鹿児島港にて（筆者撮影 2001）

図 1-2　日本海溝　7703m で撮影された超深海魚類。白鳳丸 KH08-3 航海、茨城県沖第一鹿島海山にて

海のホット・スポット

わたしは二〇〇八年一〇月三日に、日本海溝において学術調査船「白鳳丸」により、世界最深（七七〇三メートル）の生きた魚類の撮影と採集に成功したのだが、これも「漁師型」発想の勝利であった（図1－2）。生きた超深海魚類の撮影については、当時、海外のBBC（イギリス放送協会）ニュースなどにも発表されたが、そのインターネット上での記事はその時点のBBCの記事の中で〝最多参照数〟だったそうである。その時の新聞記事を一つだけ、引用してみよう。

餌に群がる超深海魚

水深七七〇三メートルの日本海溝で生きた魚を東京大海洋研究所と英アバディーン大が世界で初めて撮影し一〇日、映像を公表した。体長は最大約三〇センチで、外見からカサゴの仲間（正確にはシンカイクサウオ）と見られる。七七〇気圧、水温一・三度の特殊な環境で、従来は生息していても動きは鈍いと考えられていたが、用意した餌に激しく群がっていた。研究チームは「我々の常識が覆された」と驚いている。水深一万二〇〇〇メートルまでの高圧、低温に耐えられる器材にカメラを備え付け、九月三〇日に茨城県沖の日本海溝に沈めた。カサゴの仲間シンカイクサウオと似ているが、新種の可能性もある。採取した魚のDNAを分析する。

従来の記録は宮城県沖の日本海溝での水深六九四五メートルで、〇七年同じ研究チームが達成した。一方、トロール漁でそれより深い場所での捕獲例もあるが、引き揚げ時には環境の変化で死んでしまうため生態は謎だった。

研究所の松本亜沙子博士（海洋生態学）は「海溝ごとに生態を調べ、超深海魚の進化解明に役立てたい」と話す。

「毎日新聞」（二〇〇八年一〇月一一日）

この同じ研究チームというのも、我々のチームである。トロール漁は水深の幅が大きく、また水深のどの地点で魚がトロール網に入ったのか不明なため、魚の生息していた正確な水深はわからない。この魚のような超深海で、正確な水深で生きた魚がとらえられたのは世界初だったのである。

このときは、九月の終わりから一〇月の初めにかけての航海であり、共同研究者として乗船していたイギリス側のスコットランド人は、「七〇〇〇メートルより深ければどこでもいいよ」ということだけが調査場所に対する意見であり、場所の選択よりもむしろ「回数」を重視していた。これは前述のヴィクトリア女王時代のイギリスの「チャレンジャー号」航海にも通じるものがある。「チャレンジャー号」は全世界で合計二八〇回以上のすばらしい生物調査回数を誇っているが、日本に来航した際には、とくに〝ホット・スポット〟といわれるような海域をターゲットにした調査をいっさい行なわなかった。

生きた超深海魚をとらえる

二〇〇八年のわたしの調査航海は、のちの二〇一一年三月における「東日本大震災」の震源地となった

〝日本海溝〟の千葉沖から三陸沖にかけての地震調査グループと合同の航海であった。それに、米軍の演習海域が直前に通達されており、その演習海域を調査海域から外す必要があった。そしてもうひとつ、九月の終わりという期日で台風が近くまで接近しており、航海中にその台風と遭遇する確率が非常に高かった。そのため、選択できる調査範囲を日数的、距離的に限定せざるを得なかった。回数と水深だけを気にかけるイギリス側の条件提示で、その水深を満たし、かつこれまで誰も成功してこなかった七〇〇〇メートル以深の超深海での魚類を撮影する「可能性の高い」調査場所の選択は、乗船研究代表者のわたしに選択権および責任があった。

そのため、日本海溝の千葉沖から三陸沖が黒潮と親潮のぶつかる最高の漁場であるという「漁師型」発想により、まず北上しすぎない海域を選んだ。ちょうど千葉県から宮城県のあたりの良漁場を「調査場所」に選ぶのがもっとも撮影が成功する可能性が高いと思われたからである。なぜなら、その海域の洋上では漁師が〝漁〟をしているのであった。つまり、海の一番表層に餌としての豊富なプランクトンが分布し、これを食べる小魚などが集まり、またそれを食べるより大きな魚が集まる海域である。これらの魚の食べ残しや死骸が深い海の底に降りそそいでゆき、その途中の生物や、最終的には海底にいる生物の餌となるのである。海の表層が栄養豊富な良漁場ならば、超深海の底も他の場所よりも良い栄養条件で生物も多くいるだろう、と考えたわけである。

さらに、生物が多く生息するもう一つの条件が「海山」であった。海山は海底から最低でも一〇〇〇メートル、場合によっては四〇〇〇メートルもの高さでそびえる海底火山を起源とする海の中の山である。一般に海山では、海流が海山に沿って上昇する〝湧昇流〟によって、深海の栄養分のある冷たい水が表層に運ばれ、海山の無い他の海域よりも多くの生物が生息し、生物多様性も大きいことが知られている。

この二つの条件、「漁場」および「海山」という観点から、調査ポイントに茨城県・鹿島灘沖の第一鹿島海山の麓《ふもと》、超深海・七七〇〇メートルの地点を選んだのである。ここには、海山が日本海溝に沈んでいくという絶好のポイントであると同時に、機器を設置できる平らな海底があった。

なお、このときの超深海調査において、超深海の生物をおびきよせる餌としては、二〇〇七年の航海では宮城県の金華山沖の「金華鯖《きんかさば》」であった。二〇〇八年の航海では築地市場において購入した高級鯖であった。イギリス人によると、人生で経験したなかで一番値段の高い鯖であり、ほとんどの日本人の船員さんたち（およびわたし）にとっては、魚の餌にするにはもったいない、美味しそうな鯖であった。結局、この目論見はうまく当たり、世界で初めて、最も深い水深七七〇三メートルでの生きた魚類の撮影に成功したのであった。

的中した漁師的視点

ところで、わたしがそれぞれの〝視点〟に気づいたドイツの調査船と日本の海洋調査船の最大の違いは、日本の調査船が現実に漁船登録されている点にあった。それゆえ、「漁師型」という定義は的を射ていると思う。日本の領海内では漁船が最優先であり、次に建前上は学術調査船、最後に自衛隊と米軍の順番になる。漁船が漁をしている場所での調査は難しく、大規模に延縄《はえなわ》などが数キロメートル単位で張ってある場所は迂回しなければならない。

とにかく、日本では漁船登録してないと海洋生物調査もできなかったりするのである。また海洋生物の調査採集の際には、各都道府県や水産庁のすべてに申請をしなければならず、その後付近のすべての漁協にも連絡が行くのだ。実際には、米軍からは「〇〇日から千葉沖の〝一定の海域〟で演習を行なうから注意」と勧告がきて、自由に航行はできるものの、「被弾しても責任は取りませんよ」という無言の忠告もあったりするのだが……。

本書第四章、第五章でとり上げる一〇〇年前に木下熊雄が行なったようなサンゴ漁場での調査や、初めから珍しい貝や生物が採れるということで有名な漁港を訪れることや、わたしが行なったような漁場を狙った調査というのは、〝生物の多様性〟の分布が海洋において〝不均一〟であることを前提とした「漁師型」視点での調査にほかならない。

日本人で、子どものころに魚釣りで遊んだ人ならば、明け方や夕方などの魚が餌を食べる時間帯に釣りをするほうがよく魚が釣れ、太陽が天頂にある真昼間の時間帯は魚の食いが悪く、通常は釣りには不向きであることを知っているであろう。しかしドイツの調査船では、魚類や海洋生物の時間に合わせての調査・採集を行なってはいなかった。ドイツ人の気質が時間に厳格なのはよく知られた事実だが、それは人間の朝食の時間だったり掃除の時間だったりする正確さであり、海洋生物学者ですら海の〝生物の時間〟に無頓着であったのは、わたしにとって衝撃的であった。

ドイツ調査船では、魚類の調査であるにもかかわらず、明け方の魚の食事時間帯は無視され、一方、人間の朝食時間帯は全員が朝七時から七時半と正確である。そのため、調査は人間の食事時間が終わり、魚の食事時間も終わった、太陽が完全に昇りきってからであり、その道何十年もの魚類研究者が真昼間の時間帯に網を引いて「まったく何もとれないなあ。なんでだろう」とぼやいていたのである。

日本の「漁師型」船員さんは、わたしからその話を聞いて、非常に興味を持っていた。日本の調査船では、明け方の前あたりから朝食の真っ最中までくらいの時間帯が、それこそ人間の食事時間など無視するほどの勝負時間帯なのである。

日本の調査船では、これまた非常に「漁師型」なのであるが、甲板には常に柄の長い「タモ網」（玉網）が舷側に備えられている。タモ網は魚釣りの際に、釣れた魚を海からすくうのに使用される網であるが、調査船では、航海の最中に潮目（潮流と潮流の境目などで好漁場のことが多い）にぶつかったりして、よく分からない〝生きもの〟などが浮遊していたりするときに、海洋生物研究者側が「捕まえて！」と頼むと、船の人がすぐに捕まえてくれる際に大活躍するツールである。しかし、ドイツ調査船での航海の最中に、ある海洋生物学者が海の中に浮かんでいる「クラゲ？」のような謎の生きものに興味を持ったとき、船には手に届く範囲に一つのタモ網もなく、研究者はただ一瞬のうちにその謎の生き物が視界から流れ去っていくのを〝ため息〟をついて眺めるしかなかったのである。

調査ポイントに〝視点〟の違い

【図1―3】は、ドイツの海洋調査船と日本の海洋調査船の「調査計画図」の比較である。これが、ドイツのように海を「道」と考えるか、それとも日本のように「漁場」と考えるかの視点の違いを、一番目に見える形で表してくれる図であると思う。たとえば、ドイツは出港する港から到着する港までを〝直線で〟

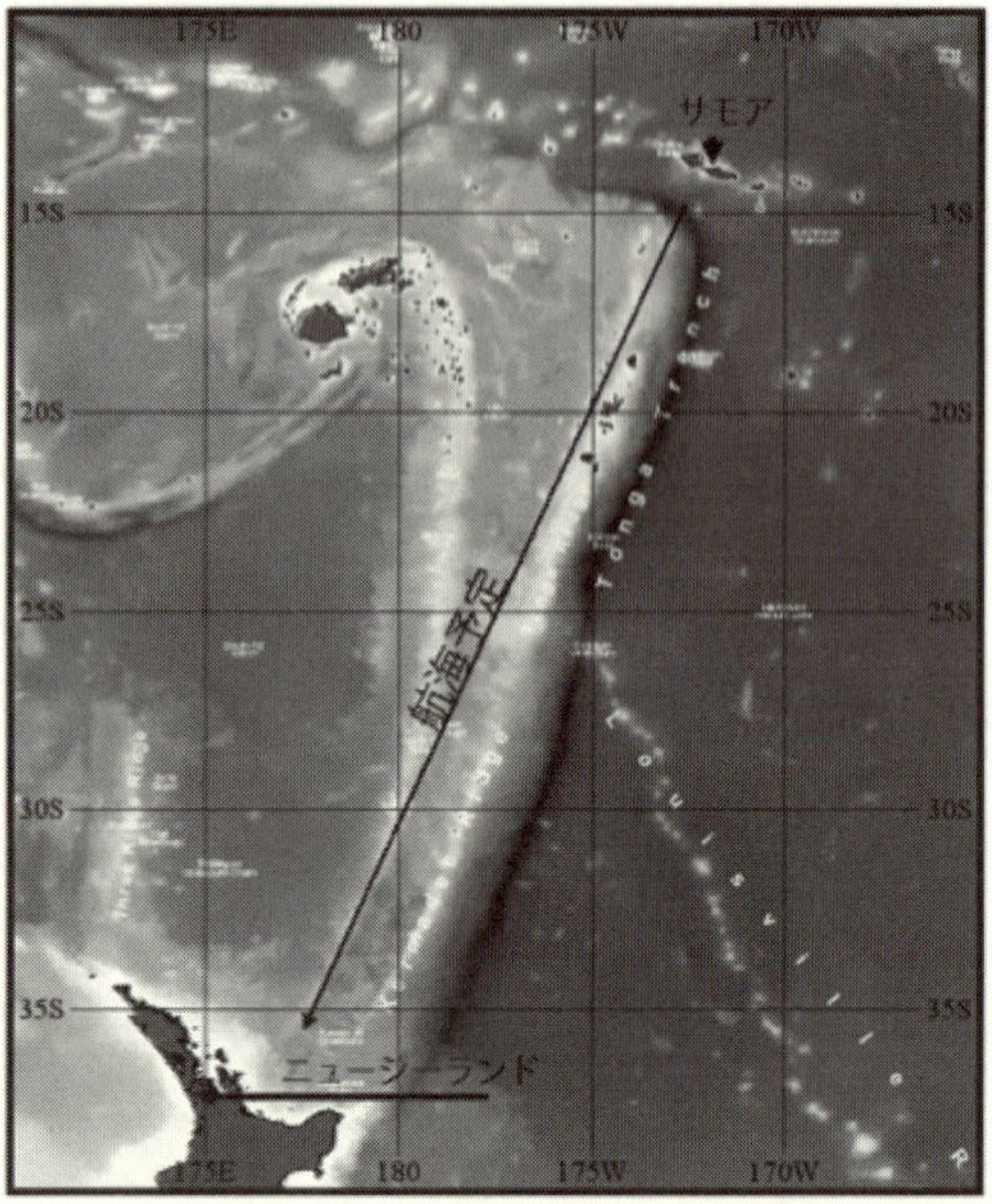

図 1-3a　ドイツ調査船の調査計画図（SO194 航海）

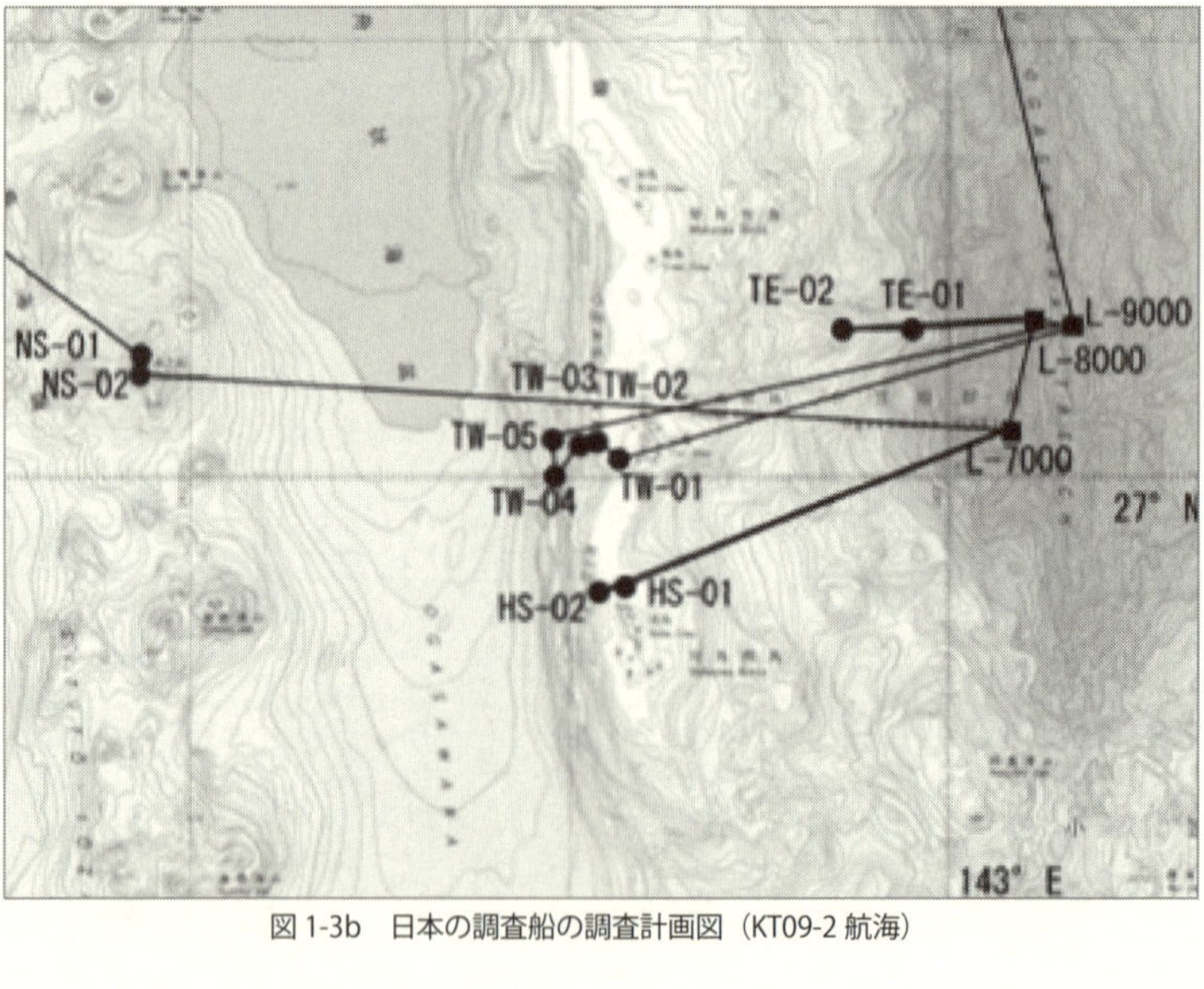

図 1-3b　日本の調査船の調査計画図（KT09-2 航海）

結んでいる（図1―3a）。これは二〇〇七年の「トンガ・ケルマデック海溝」（南太平洋のサモアからニュージーランドに至る航海）での調査計画図である。一方、もう一つの〝ジグザグ〟の細かい日本の計画図は、二〇〇九年の「小笠原海溝」でわたしが作成した調査計画のものである（図1―3b）。小笠原海溝での調査では、毎早朝、漁協と調査船で連絡を取り、漁をする海域と調査海域が重ならないように細かい調整をする必要があった。

海を「道」として考える視点（とくにドイツ人の考える〝道〟としての海）は、出発地と目的地を最も効率的な〝直線〟でつなごうとするものである。一方、日本のような漁場的視点は、そのターゲットを求めて可能性の高い海域を右に左に〝ジグザグ〟とこまめに変更を加えながら移動するのである。

「トンガ・ケルマデック海溝」の調査航海では、ドイツ人の海洋生物学者は、その海洋学の歴史から、「フンボルト海流」を発見したのがドイツ人であるにもかかわらず、「トンガ・ケルマデック海溝」での海流を知らずに調査を行なっていた。また、天気図も読めなかった。

日本の調査船では朝六時、九時、一二時、三時、六時、といった具合に、頻繁に更新される天気図や波浪予想図をにらみつつ、船長と首席研究者が今後の調査計画を臨機応変に刻一刻と変更していく。また、その天気図や波浪予想図は常に船内に張り出され、乗船者全員に共有される。食事の際の研究者や船員同士の会話も常にその話題であることが多い。二〇〇八年の航海でもそれ以外の航海でも、台風の進行状況によって、調査ポイントにおける機器の設置時と回収時に台風を避け、波浪が大きくないと予想される時間帯で仮スケジュールを何パターンも作成し、調整と変更を三時間置きに決定する必要があった。

一方、ドイツの船でわたしが衝撃を受けたのが、そのような情報が船内でいっさい共有されないことであった。しかし、ブリッジ（船舶の船橋。操船に関する全司令塔であり、非常時には手動操舵ができる場所である）には今後の航海の方向を決定するための情報が船舶ＦＡＸで来ていないはずがない。

わたしはブリッジを直撃した。ブリッジは多くの場合、その役目上、船の一番高い場所で、かつ前方が見える場所に位置している。上に上に登って行けばどんな船でもだいたいブリッジにたどり着けるのであり、そこには、船長かまたは一等航海士のどちらかが必ず詰めているはずであった。

はたして一等航海士が任務時間中であった。彼はとても人あたりがよく、信頼に足る人物であった。「天気図はありますか？」と聞くと、快く船舶ＦＡＸの天気図を見せてくれた。予想どおり、日本の船に入ってくるのと同様の印刷物である。しかし、次に彼はこう言ったのである。

「こんな感じなんだけど、でも今後どうなるかはわからない」――。

一等航海士が、ウソかホントか、天気図を読めないというのは衝撃的だった。もしかすると、彼（厳格なドイツ人）としては〝正確に〟予測できないという意味だったのかもしれない。

しかし日本では、通常、船内の天気図をもとに、誰もが自分の予報を語りだし、〝にわか天気予報士〟になる勢いであり、海外でも自分の考えがあるときはたいてい口に出すものであるから、このドイツ人の一等航海士が〝天気図が読めない〟と言ったという出来事は、やはり衝撃的であった。

ちょうどそのとき低気圧が来ており、海が荒れ気味で、何日か調査ができない状態であったので、わたしがブリッジに情報を集めに行ったことを知ったドイツ人研究者から食事の際に、

「今後の天候の予定はどのような感じだと思う？」

と聞かれた。たまたまトンガ・ケルマデック海溝とニュージーランド近辺の天気図が日本列島近辺のも

のと若干似ていたので、

「低気圧が近くにあるから一週間くらいは船がけっこう揺れるのではないか」

というと、やや船酔いぎみの研究者が多かったその食卓には〝がっかり〟した空気が広がった。なお、この航海のときも、イギリス人研究者は、

「五回！　五回だからね！　五回！」

と強く「回数」を主張しており、調査ポイントは〝水深〟によって決められた。イギリス人にとっては〝回数〟が大事なのである。

ところが、日本の調査船では【図1―3b】の小笠原諸島から小笠原海溝における調査のさい、首席としてのわたしの指揮により、もっとも生物が多く多様にいそうな調査ポイントを重点的に設定していた。そのため、漁船が操業する海域としょっちゅう重なることになり、調査船は基本的にその海域に漁船がいない時間に調査・採集をするため、早朝に漁船側と打ち合わせをして、漁船が西側に行くのならば東に行き、漁船が早めに西側を引き揚げたなら即座に西に向かい、というように非常に〝こまめな〟動きをすることになった。

しかし、その成果は非常に大きいものであったといえる。このとき、わたしは超深海の生物の撮影だけでなく、第四章、第五章で述べる木下熊雄と同じ、深海・冷水域サンゴの調査も同時に行なっていたため、常に研究室にいる状態で、「もしかして松本はふたりいるのでは？」などと、半ば冗談でいわれていた。

幸運なことにわたしはこれまで、第二章の「新田次郎」が行なったサンゴ漁場の男女群島にも、第四章・第五章の「木下熊雄」が調査を行なった土佐の柏島、鹿児島の甑島《こしきじま》、相模湾近海のすべてで、深海・

冷水域サンゴの調査航海を行なうことができた。また、岩手県三陸の大槌や北海道・厚岸《あっけし》での深海・冷水域サンゴも研究中である。

海洋生物学の先達・木下熊雄を追って

最後に、第四章・第五章で取り上げた海洋研究の先達である木下熊雄についてわたしが書いた「熊本日日新聞」のエッセイの一部を引用することで、「海洋生物学の冒険」の第一章を締めくくろうと思う。

木下熊雄は熊本伊倉の人である。しかし、私が彼の本名や出身地を知ったのは、だいぶ後になってからだ。初めて論文で彼の名前に出会った当時、彼は「Kumao Kinoshita」だった。私は、大学院で、冷たい海域のサンゴの研究を始めたばかりだった。その論文は一九一九年に出版されたドイツ語の文献で、彼の名前が、繰り返し登場した。その後私の研究対象はもっと深海のサンゴの方向へと向かってゆき、そして、「Kumao Kinoshita」の論文を大英図書館（英国の大英博物館の図書館）からコピーを取り寄せて読むようになった。彼は、深海のサンゴ研究の世界的なパイオニアだった。驚いたことに、それらの論文はドイツ語で書かれていた。正直なところ、その時は、なぜ日本人の論文をドイツ語で読まなければならないのかと、一〇〇年前の人間を恨めしく思った。しかし、だからこそ、彼の名前は、世界の深海サンゴ研究の分野で現在も残ったのである。

「熊本日日新聞」（二〇〇九年二月二二日）

木下熊雄の論文は、発表された一〇〇年前も、ドイツやアメリカの研究者によって参照・引用されたが、ここ一年ほどの間だけでも、アメリカのスミソニアン博物館、ハワイ大学、ロシア、ドイツ、スペインなど世界中の研究者から、木下の研究論文や研究標本について問い合わせがあった。また、一九五〇年代以降にスミソニアン博物館のサンゴ研究者が、その研究に敬意を払って、サンゴの新種命名時に木下に献名し、木下の名前は永遠にいくつかの種名として科学史上に記録されている。二〇〇八年の一二月に深海サンゴのシンポジウムがニュージーランドで開催され、私も国際評議委員として参加したが、そこでも多くの研究者が当然のように木下の名を知っていた。明治の熊本県人、そして、海洋生物学者であった木下熊雄の研究は今も世界の最先端で生きているのである。

第二章　〈海の視点〉〈陸の視点〉

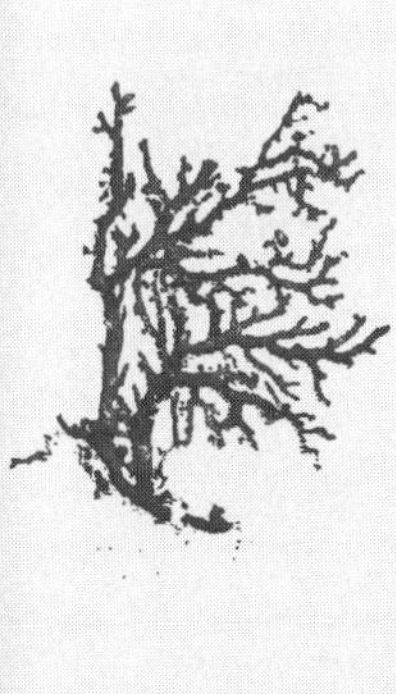

小説『珊瑚』――新田次郎の視点

中央気象台（現・気象庁）に勤め、富士山気象レーダー建設に関わった、山岳小説家である長野県出身の新田次郎*の作品のひとつに、『珊瑚』という海を扱った小説がある。新田次郎が、宝石となる珊瑚を海で採集する珊瑚漁船の気象遭難についての記録である九州・五島列島の「富江珊瑚と海難史」という五島新聞の連載資料を見て、これに五島での陸上取材を加え、想像力によって書いた小説である。

ここでいう「珊瑚」は、サンゴ礁のサンゴではなく、「第四章」「第五章」で詳しく述べる、木下熊雄および私の研究している深海・冷水域サンゴの中でも稀少性の高い種類のことである。英語では「プレシャス・コーラル」と呼ばれる（図2―1）。

日本における珊瑚漁は、高知県の土佐沖、長崎県の五島列島沖、鹿児島県宇治群島から奄美大島、伊豆諸島の八丈島から小笠原にかけてなど、南方の暖海における水深一〇〇メートル前後から一〇〇〇メートルくらいにかけての「深海」で行なわれてきた。江戸時代には御禁制であったため、日本での珊瑚漁が一般的になったのは明治になってからである。

一九〇二年（明治三五）の高知、長崎、鹿児島の主要三県の合計産量は九トンである。採取された宝石珊瑚はイタリア、中国、香港、イギリスなどに輸出されており、明治後期から大正期にかけて、イタリア、香港、ドイツ、イギリスなどの宝石珊瑚バイヤーが日本に事務所を置いていた。明治三一年には高知県足摺岬以西で八〇〇隻（図2－2）、明治三三年に長崎県から佐賀県（肥前）漁場は九三隻（図2－3）、鹿児島県（薩摩）漁場では四二隻（図2－4）のサンゴ漁船が操業しており、明治三四年ころの高知県室戸岬沖周辺では、室戸の村だけで二二五隻、室戸以外からは一〇〇隻以上いたという。[72]

図2-1　宝石珊瑚（深海・冷水域サンゴ（CWC）の仲間）　AKM00433 沖縄（筆者撮影 2014）

また、明治四二年に宇治群島沖で新漁場が発見された際には、一五〇〇隻にもなったという。[48]

小説の題材となった「海難」は、長崎県・五島列島から八〇キロ離れた宝石サンゴの主要な漁場の一つであった男女群島（肥前漁場）で、台風によって起こったものである。五島の陸上取材について書いた『珊瑚』巻末の「珊瑚の島取材記」では、海難の詳細が以下のように記述されている。

明治三八年（一九〇五）　行方不明二〇九人、死者一〇人、沈没船数一五五隻
明治三九年（一九〇六）　行方不明六一五人、死者一一九人、沈没船数一七三隻

（新田次郎「珊瑚の島取材記」一九七八年）

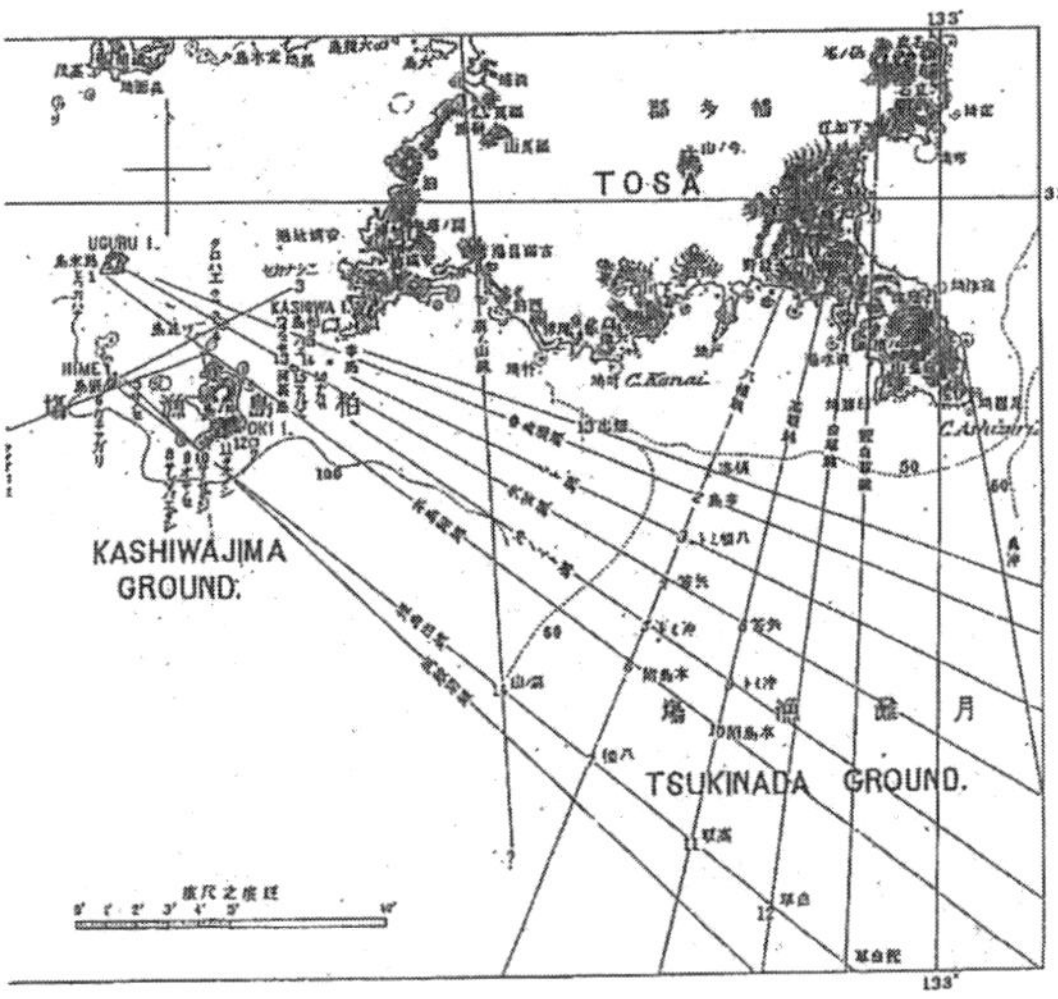

図 2-2　高知県足摺沖漁場（柏島〜月灘）（明治 30 年代）。北原多作「さんご漁場調査報告」（農商務省水産局『水産調査報告』13 巻、1904 年所収図）（萩 2008　図 9・2-2 引用）

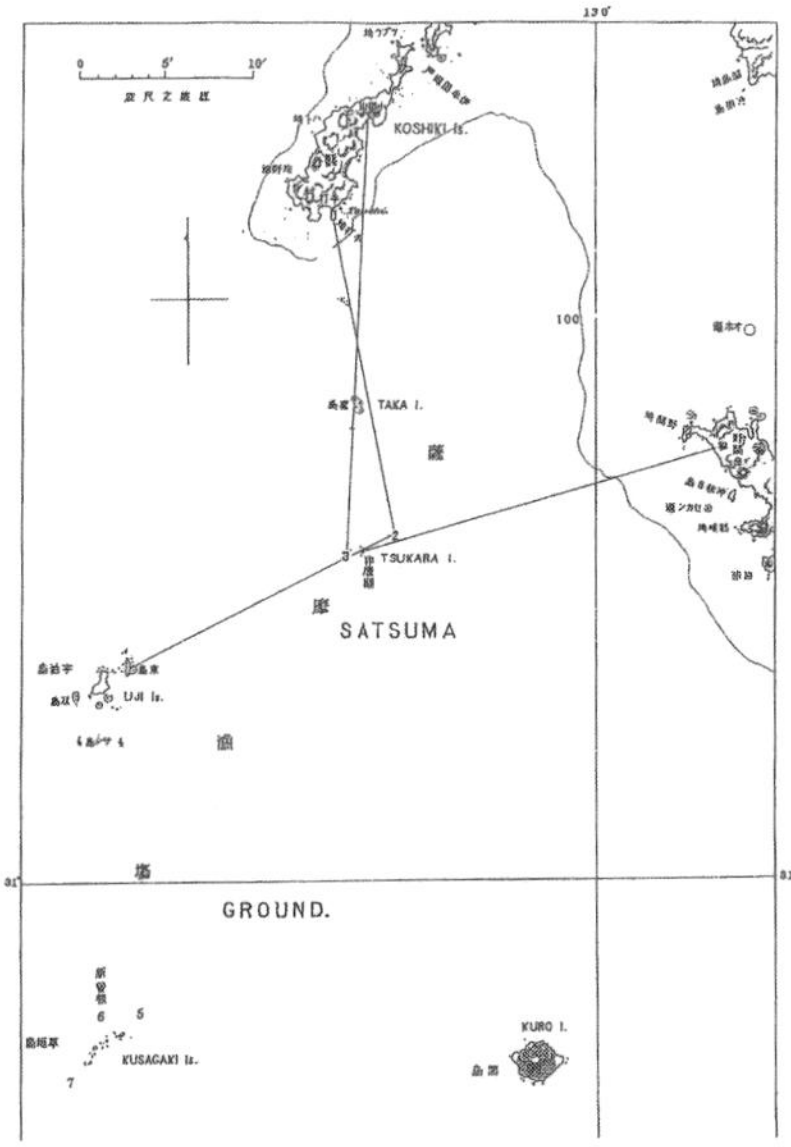

図 2-4　鹿児島県「薩摩」漁場（甑島〜宇治群島）（明治 30 年代）北原多作「さんご漁場調査報告」（農商務省水産局『水産調査報告』13 巻、1904 年所収図）（萩 2008　図 9・4 引用）

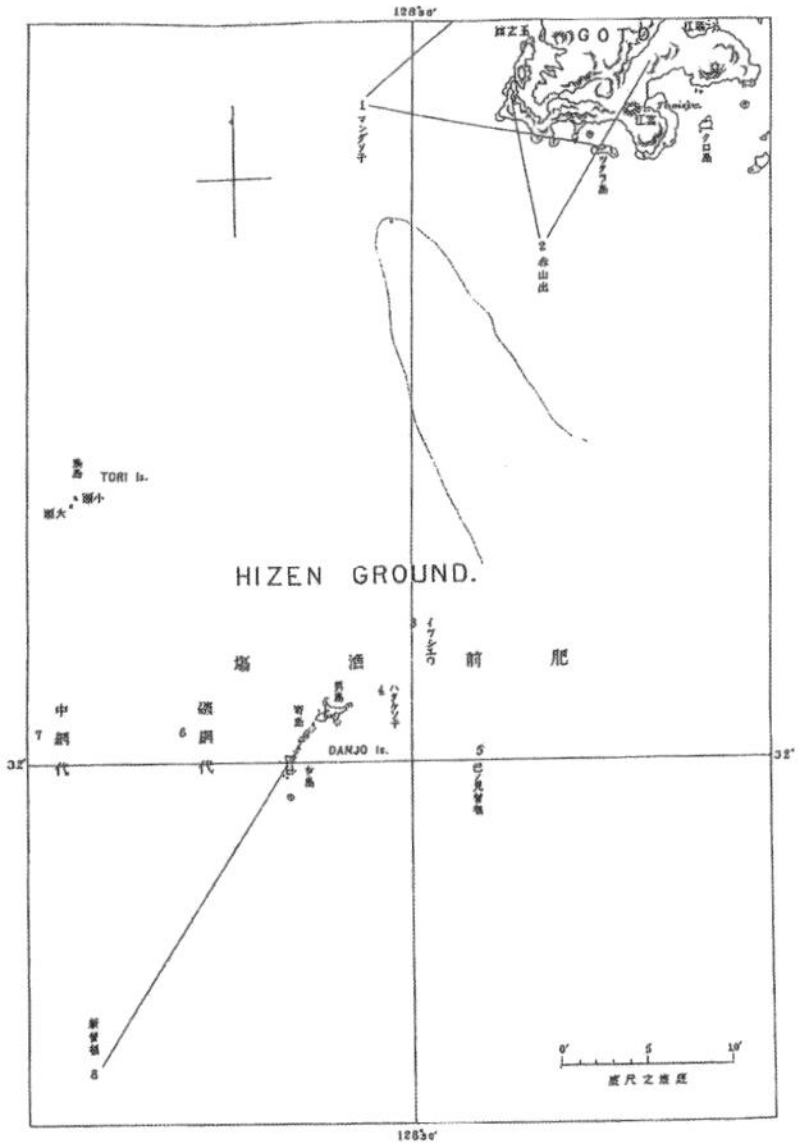

図 2-3　長崎県〜佐賀県「肥前」漁場（男女群島）（明治 30 年代）北原多作「さんご漁場調査報告」（農商務省水産局『水産調査報告』13 巻、1904 年所収図）（萩 2008　図 9・6 引用）

このような大規模の遭難が起こることは、山岳遭難ではとうていあり得ないことであり、山の情報・文化に詳しい新田次郎が「驚くべき数の犠牲者」という感想を抱くのは当然のことであったと思われる。

〈編集部註〉

＊新田次郎　一九一二〜一九八〇。本名藤原寛人。一九三二年中央気象台に就職し、富士山測候所や満州測候所などに勤務。夫人の藤原ていが書いた体験記『流れる星は生きている』が戦後ベストセラーとなったことに触発されて小説を書き始める。一九五六年『強力伝』で直木賞を受賞。山岳小説という新たな分野を切り拓いた。一九六六年気象庁を退職し、作家活動に専念。作品は多岐にわたる。一九七四年『武田信玄』で吉川英治賞、ほかに『八甲田山死の彷徨』『孤高の人』『新田義貞』など。没後本人の遺志により「新田次郎賞」が設けられた。

日本の海難事故

しかしながら、このような海難は決してサンゴ漁船だけで起きてきたわけではない。一八九五年（明治二八）七月二四日、鹿児島県枕崎・坊津のカツオ漁船が、枕崎南方三〇キロ付近の黒島沖合いで操業中、黒島と枕崎の西方を通過した台風により遭難した。この時の犠牲者は、枕崎四一一名、坊津一六五名、その他鹿児島県川辺郡全体を含めると七一三名もの漁夫が死亡するという規模であった。この海難は通称「黒島流れ」と呼ばれている（「枕崎警察署の沿革史」、二〇〇三年。「鹿児島県水産技術の歩み」、二〇〇〇年）。

現在でも海難は船の規模、技術の進歩、陸からの距離とは関係なく毎年起こっている。平成二〇年度の海上保安庁の統計によると、日本における「海難船舶」の隻数は二、四一四隻、全損・行方不明は一八八隻、船舶海難に伴う死者・行方不明者は一二四人。このうち要救助海難発生数は一、八一七隻、六、四六五

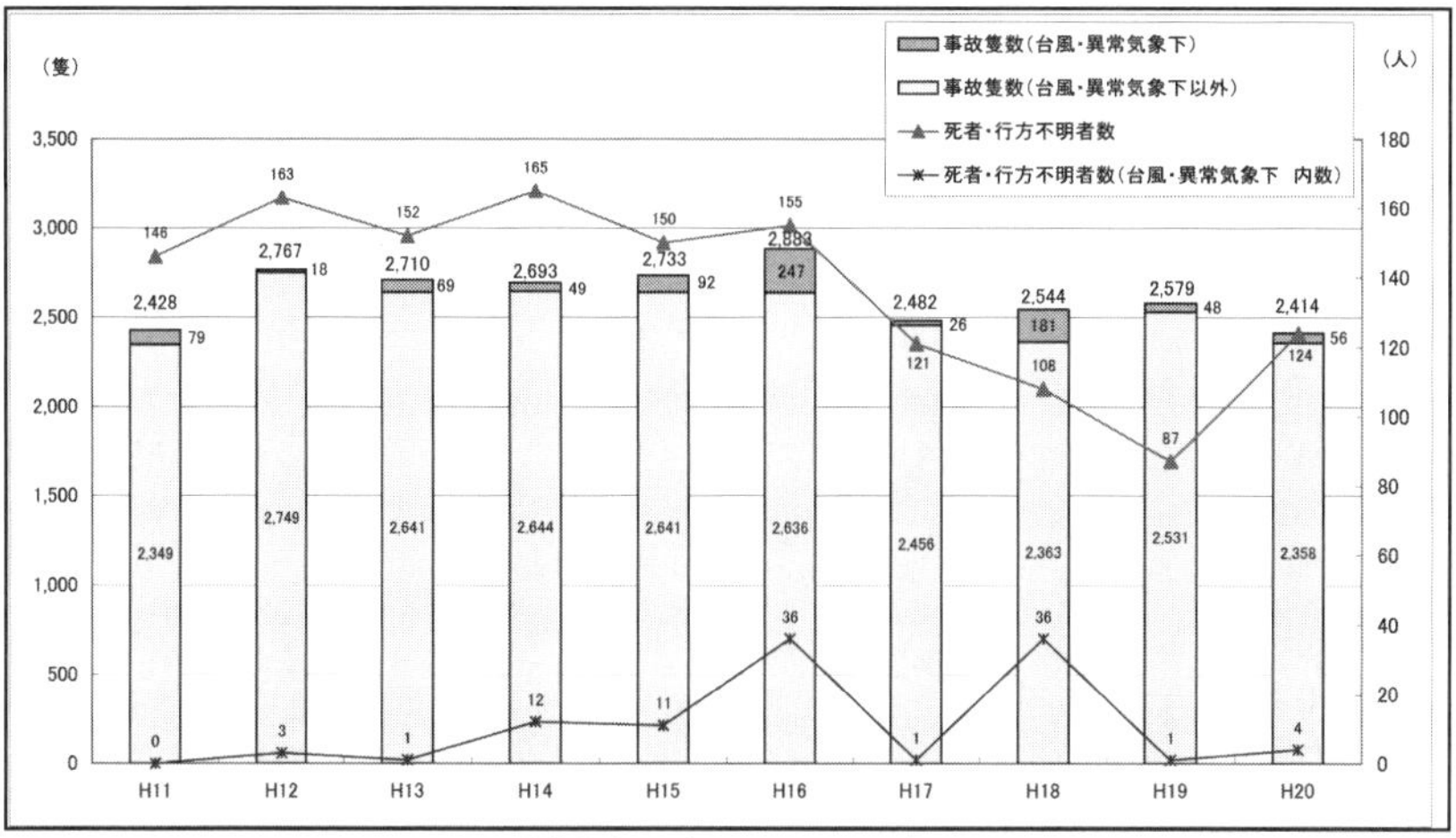

図 2-5　事故隻数及び死者・行方不明者数の推移
（海上保安庁「平成 20 年海難の現況と対策について」2009 年、第 I-1 図引用）

人にのぼっている（海上保安庁「平成二十年版　海上保安統計年報」、二〇〇九年）。

ここで海上保安庁のいう「海難」の定義は、海上における船舶に、衝突、乗揚、転覆、浸水、その他安全な運航が阻害された事態が生じた場合をいう。また「要救助海難」とは、海難発生当時救助を必要としたと認められる海難をいう。なお、「海難船舶」とは、「要救助船舶」（救助を必要とする海難に遭遇した船舶）および「不要救助船舶」（要救助以外の海難船舶）の合計である。

平成一一年度から平成二〇年度までの海難事故隻数および死者・行方不明者数の推移が【図2―5】に示されている。なかでも平成一六年度は、海難船舶隻数二、八八三隻となっており、過去一〇年で最多である。この年の台風下における海難は二四七隻。海難種類別にみると、浸水が六五隻、転覆が六〇隻、および安全阻害が三九隻。二四七隻のうち、無人係留船の浸水、転覆等が一六六隻を占めている（海上保安庁「平成一六年における海難および人身事故の発生と救助の状況について（確定値）」、二〇〇五年）。

また平成一八年度は、一〇月四日〜九日にかけての低気圧により、三陸沿岸や北海道東方沿岸などにおいて、一二八隻の海難が発生している。うち、漁船が一一三隻を占めた。海難船舶のほとんどは無人係留中の小型漁船等の転覆や浸水の海難であったが、死者・行方不明者が総計で三三人であった（海上保安庁「平成一八年における海難および人身事故の発生と救助の状況について（確定値）」、二〇〇七年）。

海難の原因——距離より港

海上保安庁の統計をみると、「荒天」による被害は大小問わず漁船に多く見られるような気がするが、一般的には漁船は他の商船やタンカー、調査船などの船に比べてその形状から転覆しにくいといわれている。

しかし、海洋研究開発機構に移管された元・東京大学所属の学術研究船「淡青丸」（四七九・五四トン）の場合には、波高が四メートルを超えると危険とされており、予報で四メートルを超えそうな場合にはその方面への航海を取りやめる。たとえば、二〇〇九年三月一四日、〇三：〇〇の沿岸波浪予想（気象庁発表、国際気象海洋〈株〉提供）は**【図2—6】**（KT09-2航海）の通りであった。そのため、いったん高知港を出港したが、土佐湾から出る前の一〜二時間のうちに取りやめて帰港し、低気圧通過を一日待機してから再出港している。

というのも、この時の「淡青丸」の航海の目的海域は小笠原であり、高知港から小笠原の間には一一〇〇キロの間まったく避難するための島も港もないからである。これは幕末の一八四一年（天保

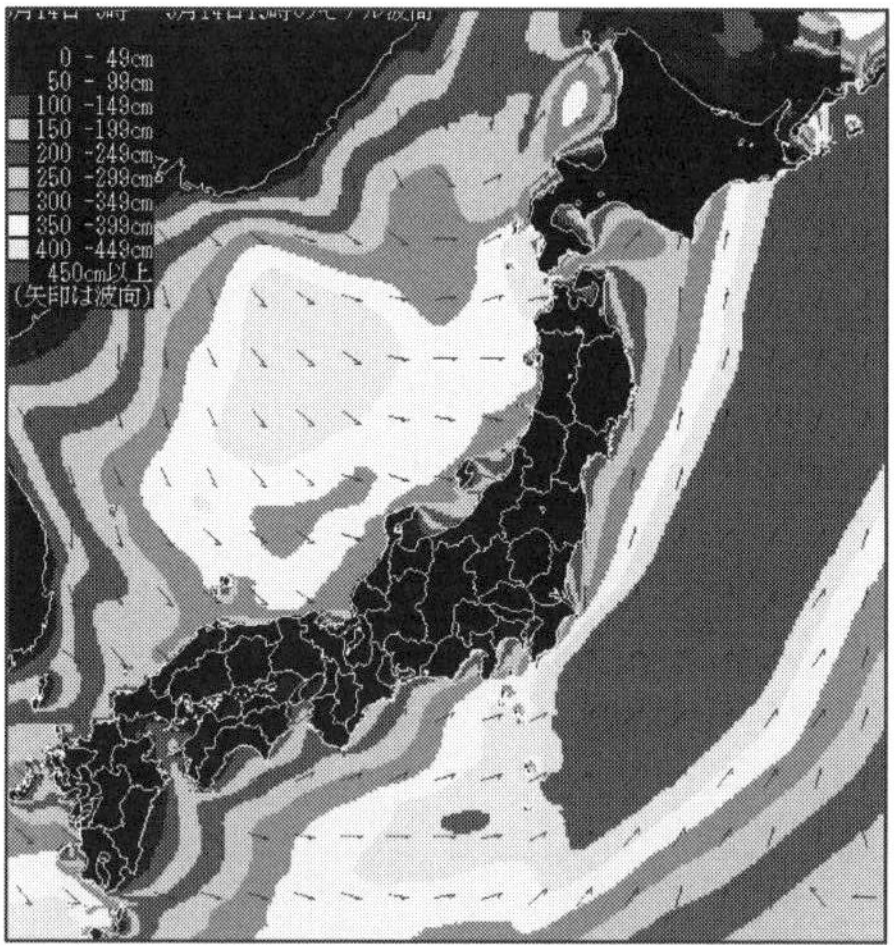

図 2-6　2009 年 3 月 14 日 03:00 沿岸波浪予想
（気象庁発表、国際気象海洋（株）提供）

一二）、ジョン万次郎が漂流したルートとだいたい似たようなルートで、さらにそれ以上の距離である。海洋上では距離そのものよりも、付近に入る〝港〟がないということのほうが問題である。非常に遠い距離までの遠征であっても、すぐに入り、風待ちができる湊《みなと》（港）が途中に存在する場合には、大距離とは見なされない。

風待ちの〝湊〟は「西泊《にしどまり》」や「東泊《ひがしどまり》」などという地名がつけられ、西風の強いときは「西泊」、東風の強いときは「東泊」に入港して、嵐が過ぎ去るのを待つ。台風のときには、台風がくるときと通り過ぎたあとで風向きが変わるため、風向きにより湊を移動する必要があった。

台風など荒天は通常困難な気象条件ではあるが、あまり恐れられない。とはいえ、風待ちの湊を移動しそこなうと「難破」することもあった。もっとも恐れられるのは、荒天から逃れられない場合、陰に隠れるための島や風待ちのための湊がない場合であり、予測される荒天から逃れられる距離がある場合には、予定の変更は迫られるが、恐れられることはない。

むかしの五丁櫓程度の和船では、旧暦の三月から九月ごろまでの七カ月間が珊瑚漁期で、あとは季節風や天候によって沖に出られなかったという。[72]【図2−7】、【図2−8a】、【図2−9】および「第四章」の熊本三角港の写真（【図4−6a】）に写っているものが「和船」である。また日本海沿岸地域を船籍地とする、い

図 2-7　和船（12 反帆）ca.1900（モースの見た日本・民具編 1988 No.458 引用）

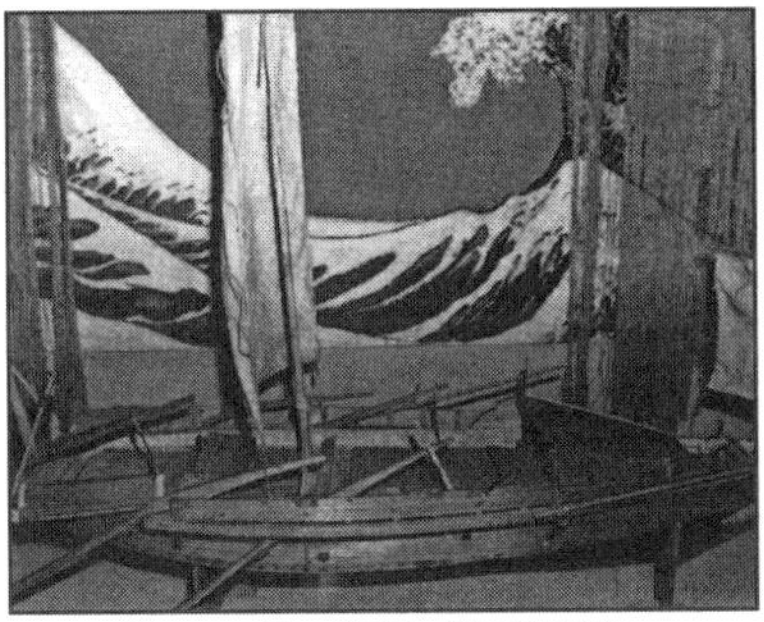

図 2-8a　サンゴ漁船（5 丁櫓和船）
土佐清水市竜串（庄境 2013 より引用）

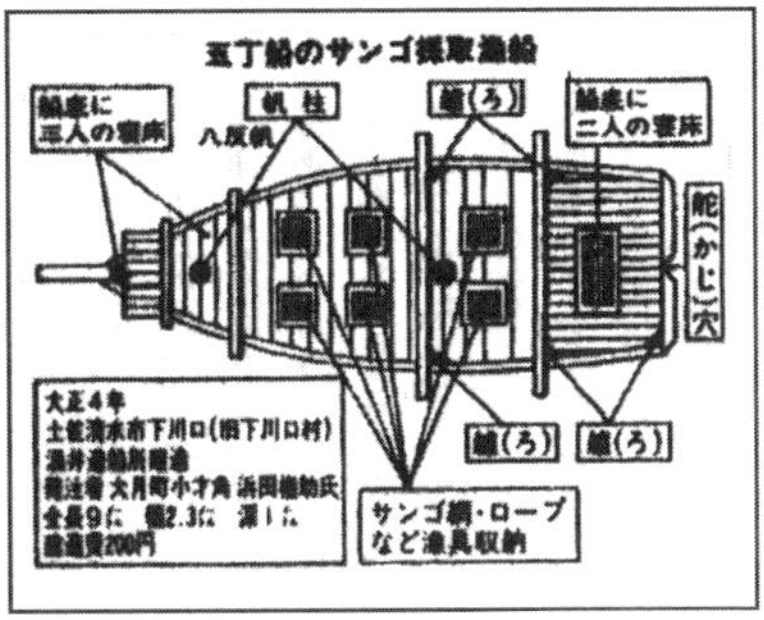

図 2-8b　五丁船のサンゴ採取漁船
大正 4 年土佐清水市下川口。全長 9 メートル、幅 2.3 メートル、深 1 メートル（庄境 2013 より引用）

図 2-9　廻船（25 反帆和船）嘉永〜安政期の長者丸の船絵馬（松本家蔵）（石井 1995 より引用）

わゆる「北前船」は内航専用の船だったため、冬季の九月から三月にかけては安全のため、航海は行なわれなかった。[50]

沖に出られない時期というのは現在においてもたいして変わらない。二〇一一年三月の「東日本大震災」の津波で、研究調査船と臨海実験所が使用不能になるまで一〇年以上にわたってわたしが深海・冷水域サンゴの調査をしてきた、南三陸の岩手県大槌町でも同様で、九月から三月の年度の後半期には「海況（海の状況）が悪いですから、調査できなくなるから避けてください」とアドバイスをいただいていた。また、もっと船のサイズの大きい前述の「淡青丸」での日本沿岸の調査も、その時期の海況は日本全国どこでも前半期よりも悪くなり、場合によってはまったく調査ができないこともよくあるのである。

〈海〉と〈陸〉の距離感覚は異なる

二〇〇八年の六月二三日に起きた、小名浜の巻き網漁船（第五八寿和丸）の沈没事故は、千葉県銚子市の犬吠埼灯台沖の東へおよそ三五〇キロの太平洋上において、カツオ漁の最中のものだった（海上保安庁「平成二十年海難の現況と対策について」、二〇〇九年）。なお、この位置の呼称は、いってみれば〈陸の視点〉により、単純にもっとも近い陸を起点として「犬吠埼灯台沖」としているだけであり、実際に三五〇キロという距離は、犬吠埼から陸上側に向かうと、上越を通り越して日本海に突き抜けてしまうほどの距離である。ちなみに、江戸日本橋から京都は直線距離で約三七〇キロ、京都の三条大橋まで旧東海道経由で歩いた場合には、四九五・五キロ（「度量衡法」〈明治二四年三月二三日公布法律第三号〉換算）である。

江戸―大阪間は、旧東海道の陸路では、男の足で一二～一三日、女の足で一五日、飛脚六日、早飛脚五日かかったが、[62] 一方海路では大阪から江戸までは、一八三六～三七年（天保七～八）における廻船三三艘が平均一二日、最小六日で走破、新酒を運ぶ「樽廻船」では、天明年間から元治年間の間では神戸・西宮―江戸間を最速二・三日（平均六・八ノット）の記録があり、ほぼ五日前後しかかかっていない。

これらは廻船なので、積載量も徒歩および飛脚とは比べものにならず、天保期の樽廻船では千石積以上がほとんどで、大船は千五百積を超えていたという。[50] 積載量が千石積、つまり「千石船」の場合には、前述の和船のサイズからすると二五反帆で、一二人乗り程度であったという。

このように、海の上での位置を〈陸の視点〉で説明する方法では、東シナ海・中国上海沖東四四〇キロと、韓国・済州島沖南二〇〇キロと、鹿児島県枕崎沖西三八〇キロが、ほぼ同じ場所を示すこともある。〈陸の視点〉からだと、海上での距離感覚、位置の認定をするのが難しいことが理解できるかと思う。

そもそも漁船が沖に出るのは漁場が沖にあるからである。その〈沖〉の定義はつまり、「魚がいるところどこまでも」にちかい。実際、カツオ漁の場合、漁場は沿岸のほかに、黒潮が蛇行しているさいには紀伊半島沖二〇〇キロの海域（遠州灘沖、熊野灘沖など）であることもある。また、「初ガツオ」「戻りガツオ」の名称があるように、カツオは回遊性魚類（回遊魚）のため、日本沿岸（といっても、陸から二〇〇～三〇〇キロであっても沿岸と呼ぶ）を南北片道二五〇〇キロ以上移動し、漁師もその魚とともに南北を移動することで知られている。

和船の速度――不正確だったペリーの情報

鹿児島県枕崎では、動力船以前の江戸時代初期から明治時代後半まで、「七反帆」――いわゆる着物の反物の幅が七本分の幅の帆のことである。「第四章」の冒頭で触れる、お雇い外国人エドワード・モースは、一八七七年（明治一〇）の日記で、「舟の帆は長くて幅の狭い薄い布を三～四インチのすき間をあけて紐でかがったものである。帆は非常に大きく、そうしたすき間が風の強いとき風圧を和らげる」としている（「モース・コレクション：民具編」『モースの見た日本』、一九八八）、和船は基本的にこの帆の大きさで船の大きさがあらわされていた（図2–7）――と呼ばれる帆船ですら、一〇〇海里（一八五・二キロ）内をカツオ漁場としていたとされる。また、明治時代にも沖縄慶良間、対馬、釜山近海まで漁に出ていたという記録がある（「鹿児島県水産技術のあゆみ」、二〇〇〇）。高知県・土佐のカツオ一本釣り漁船は、昭和初期には伊豆七島、房総沖、気仙沼、金華山沖、鹿児島薩南、台湾を漁場としていたし、大正時代の珊瑚漁船は鹿児島県・甑島《こしきじま》、宇治諸島、奄美諸島、長崎県・男女群島、そして東シナ海、八丈島、小笠原諸島まで開拓していた。[48]

珊瑚漁船は、明治一二～三年（一八七九～一八八〇）ごろも、大正時代も変わらず、五～六人乗り五丁櫓八反帆の全長九メートルほどの和船であったというが（図2–8）、大正一一年ごろには二〇トンほどのエンジン付き漁船も加わったという。一九六三年（昭和三八）に、ミッドウェー諸島でサンゴ漁場が発見されると、より大型の北洋のサケ・マス漁船を改造した一〇〇隻以上の船団がミッドウェー海域まで操業に乗り出したという。[72]

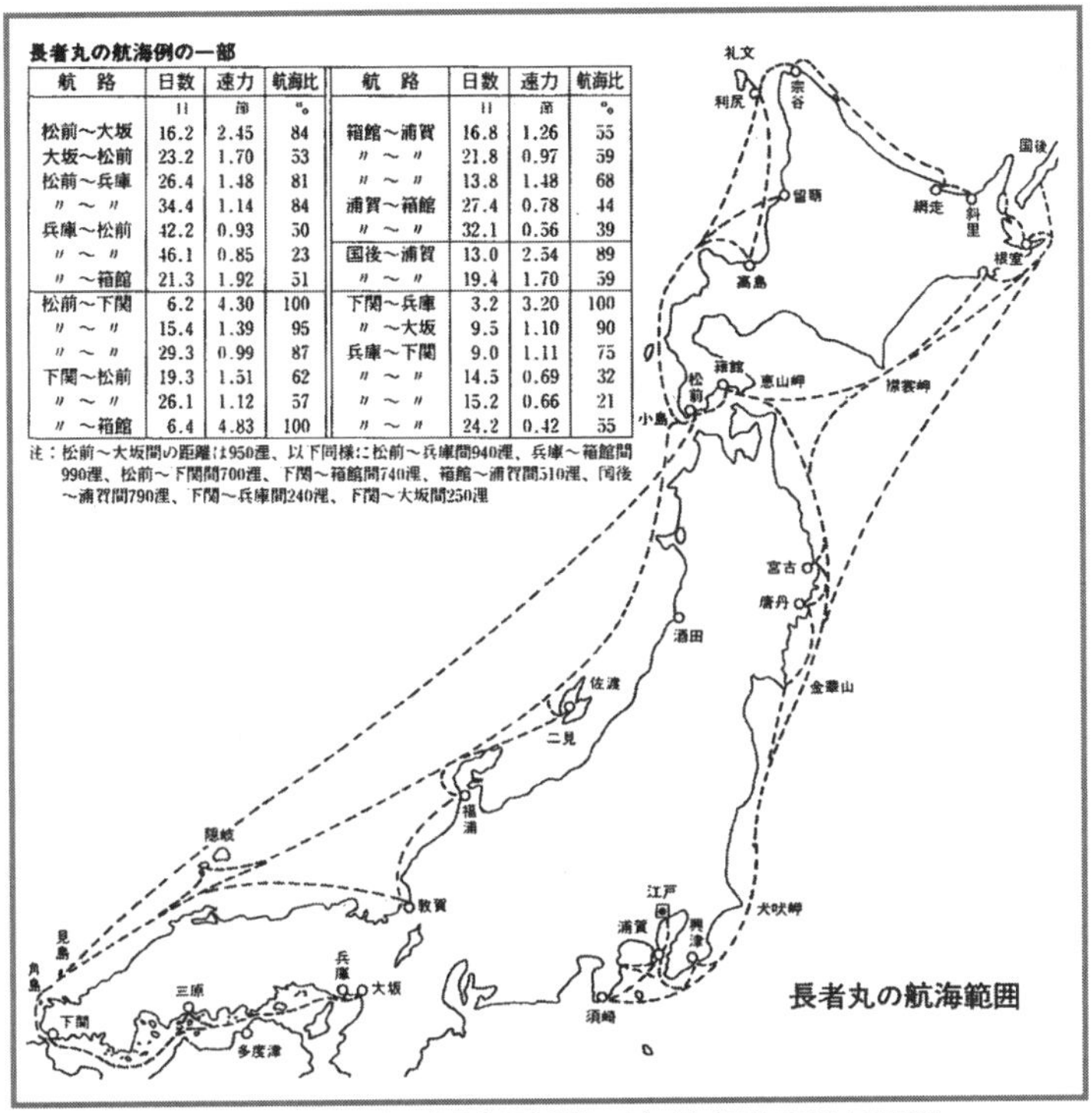

長者丸の航海例の一部

航　路	日数	速力	航海比	航　路	日数	速力	航海比
	日	節	%		日	節	%
松前～大坂	16.2	2.45	84	箱館～浦賀	16.8	1.26	55
大坂～松前	23.2	1.70	53	〃 ～ 〃	21.8	0.97	59
松前～兵庫	26.4	1.48	81	〃 ～ 〃	13.8	1.48	68
〃 ～ 〃	34.4	1.14	84	浦賀～箱館	27.4	0.78	44
兵庫～松前	42.2	0.93	50	〃 ～ 〃	32.1	0.56	39
〃 ～ 〃	46.1	0.85	23	国後～浦賀	13.0	2.54	89
〃 ～箱館	21.3	1.92	51	〃 ～ 〃	19.4	1.70	59
松前～下関	6.2	4.30	100	下関～兵庫	3.2	3.20	100
〃 ～ 〃	15.4	1.39	95	〃 ～大坂	9.5	1.10	90
〃 ～ 〃	29.3	0.99	87	兵庫～下関	9.0	1.11	75
下関～松前	19.3	1.51	62	〃 ～ 〃	14.5	0.69	32
〃 ～ 〃	26.1	1.12	57	〃 ～ 〃	15.2	0.66	21
〃 ～箱館	6.4	4.83	100	〃 ～ 〃	24.2	0.42	55

注：松前～大坂間の距離は950浬、以下同様に松前～兵庫間940浬、兵庫～箱館間990浬、松前～下関間700浬、下関～箱館間740浬、箱館～浦賀間510浬、国後～浦賀間790浬、下関～兵庫間240浬、下関～大坂間250浬

図 2-10　廻船・長者丸の航海範囲と航海スピード（石井 1995 より引用）

もちろん、海に出るのは漁民だけではない。江戸時代の交易のための廻船は、大坂―江戸間を船で移動していた。そのほかにも「東回り航路」「西回り航路」などの、さまざまな航路で物資を輸送していた。江戸後期の天保一二年（一八四二）に北海道・松前の海商柏屋で新造された二五反帆の「長者丸」（**図2―9**）という廻船の詳細な航海記録（「日記」）からは、日本全国をどのくらいのスピードで航海することができたかがわかり、たとえば北海道の北方四島の国後島《くなしりとう》から江戸の浦賀《うらが》までの七九〇浬《かいり》（一四六三キロ）を、速いときには一三日、北海道の函館から浦賀までの五一〇浬（九四四・五二キロ）を最短一三・八日、日本海側の航路では嘉永六年（一八五三）、北海道

の松前から山口県の下関までの七〇〇浬（一二九六・四キロ）を、最短六・二日で移動している[50]（**図2―10**）。

長者丸の松前―下関航海と同年の一八五三年（嘉永六）七月に来航した黒船のペリーは、『ペリー提督日本遠征記』において、

「日本人は、止むを得ない場合の外は、陸地の見えない所に決して行こうとせず……彼等の船は、あちらこちらに寄港しながら海岸に沿うて進み、島から島へと航海し、二十四時間以上の航海をすることは稀である[69]」

と記しているが、これは江戸時代前期の航海のレベルであり、「長者丸」の例からわかるように、二〇〇浬以上の無寄港の航海はよく行なわれているものであった。[50] つまり、ペリーの情報は非常に「不正確」であると言わざるを得ない。

海難記録にみる海の距離感覚

【表2―1】は、日本で明治時代までに起こった「海難」の記録の大まかな事例である。海難事例ごとに、a＝船籍（出身地）、b＝出港地、c＝仕事海域（海難海域）、そして漂流した場合にはd＝漂流先が示してある。能動的移動距離として、船籍（出身地）から出港地までの能動的移動距離［a－b］と、出港地から仕事海域（海難海域）までの能動的移動距離［b－c］が示されているが、出港地が不明な場合には［a－c］の距離とみなした。また廻船関係で、出航地が江戸となっている場合は、「浦賀」を基準として距離を計算した。

「海難」といわれる場合には、［c－d］の受動的移動・漂流距離と漂流時間が注目されるが、漂流のスタート地点である海難地点がそもそも出港した陸から数百キロ離れていることがある（表2－1 b－c）。さらに、もともとの船籍（または出身地）を見ると、湊を継いで非常な距離を移動していることがわかる（表2－1 a－b）。比較すべきは、港からの距離［b－c］と、船籍（または出身地）からの距離［a－b］である。これは〈陸の視点〉からでは想像のつかない距離感覚である。

小説『珊瑚』巻末の「珊瑚の島取材記」には、〈陸の視点〉いや〈山の視点〉の人である新田次郎が、その想像力によって書いた記述がある。つまり、そこには〈海の視点〉による海上の距離感覚がないのである。たとえば新田次郎は、男女群島の海難にあった人が鹿児島県川辺郡坊津町出身者にも三十数名いたことを聞き、「明治三十九年の海難はずいぶん遠くにまでその犠牲者は居たのである」（四六九頁）と感想を述べ、また「カンコロ、キリボシ（大根のキリボシ）などを小さな船に積み込み、別れの水盃をして、遠く男女群島へサンゴ採りに出かけて行った漁師とその家族たちのことを思った」（四七一頁）という想像を述べている。

新田次郎の「珊瑚の島取材記」に出てくる事象は、【表2－1】では、a＝船籍・長崎県五島列島富江、大分県、鹿児島県川辺郡坊津町など、b＝出港地・五島列島・福江、c＝仕事海域・男女群島となる。

長崎県・五島列島の福江の町の中心の「富江港」は、五島支藩の城下町で、明治一九年（一八八六）に五島列島の南にある男女群島で珊瑚の「曽根」（底に宝石サンゴの生息する岩場のある海域）が発見されてから、主として四国・土佐、九州天草、薩摩、そして福江の船による珊瑚漁船の基地であった。夜は数百隻の和船で富江の港は船をつなぎとめる場所さえなかった。珊瑚漁が盛んであった当時は、料亭が三十数軒連なり、たいへんな賑わいだったという。[72]

福江から男女群島までの距離は約七〇～八〇キロである（**図2―3**）。現在のエンジン付きの漁船の速力は二〇人乗りのものでも一三～一五ノットくらい（一ノット時速＝一・八五二キロ）で航行可能であるが、男女群島までは一四ノットの航行で約三時間で到着する距離である。また三〇ノット出る船であれば、一時間半程度で到達してしまう。

むかしの櫓・帆の船の速力は**【図2―9】【図2―10】**の「長者丸」の例をみてもわかるように、二～三ノット程度といわれている[50]（これより速い船ももちろんあった）が、それでも約一四時間、つまり半日ぐらいで到着することが可能な距離なのである。

広角な漁師の距離感覚

前述のとおり、実際に珊瑚漁に出ていた土佐の珊瑚船は五人乗り程度の和船であった。櫓は五丁または四丁あたりが一般的であったようである。土佐の珊瑚漁師によると、土佐の足摺岬あたりから漕ぎ出し、豊後水道を通って大分県の佐賀関でひと休みしてから、豊予海峡、周防灘から玄海灘に抜け、長崎県・平戸の瀬戸から長崎県・五島列島の福江の町の富江の港まで、約一週間で行けたという。

夜は、富江の船溜《ふなどめ》で数日船を休めて、寝ては珊瑚曽根に出て網を曳き、珊瑚採取をしたというが、富江から男女群島までは手漕ぎで五～六時間漕げば着いたそうである。手漕ぎでも、後生の陸の人々の想像していた一四時間よりもはるかに速く移動できたことになる。つまり富江まで着けば、あとは男女群島までのサンゴ漁はほぼ日帰り感覚であったといえる。

また、鹿児島県坊津の船は、「遭難当時、（坊津の）秋目の村では、毎夜毎夜、浜で篝火を焚いて、サンゴ船に乗って出て行った人たちを待っていた」（新田次郎「珊瑚の島取材記」、一九七八年）という記述から、坊津の村では、福江経由ではなく、男女群島から直接坊津に帰ってくる可能性があることを認識していたことがうかがえる。坊津から男女群島への距離は約一九〇キロほどであり、新田次郎の想像した「別れの水盃」の八〇キロの二倍ほどの距離である。台風は日本の場合通常南方からやってくるので、男女群島への台風が通過する際の暴風圏内に当然ながら鹿児島県の坊津も含まれていたと考えられ、男女群島への船団が台風に遭遇したことは坊津においても事前に容易に把握できただろう（**図2―6**の低気圧時の波浪範囲参照）。

新田次郎の「珊瑚の島取材記」には述べられていないが、明治三九年の男女群島の海難では、海軍が救助のために軍艦を出動させたといい、また、明治四二年（一九〇九）に高知県足摺岬側の月灘沖で巨大台風により四二隻の土佐の珊瑚漁船が遭難した際にも、海軍の軍艦は、漂流した船や漁師が「九州の日向沖に流されるだろう」と予測して先回りし、救助に向かったとの話もある。昭和に入ってからは五トンほどの船で、長崎県・男女群島（肥前漁場）で操業後、奄美大島に行き、鹿児島県・下甑島《こしきじま》、そして宇治群島（薩摩漁場）と、一航海で広く移動した[72]ということからも、漁師の海上の広い距離感覚がうかがえる。

以上のことを踏まえると、小説『珊瑚』は、新田次郎の〈陸の視点〉で書かれていることが明らかになると同時に、これまで〈海の視点〉が一般的に提示されたことがあまりなく、いわば欠落してきた象徴になっているかもしれない。

d. 漂流先	能動的移動距離 (a-b)	能動的移動距離 (b-c) または (a-c)	b-c 日数	受動的移動距離 (c-d)	c-d 日数	引用文献
沈没	170km	450km	-	-	-	57
沈没	-	80km、190km など	-	-	-	66
沈没	-	80km、190km など	-	-	-	66
沈没	-	80km、190km など	-	-	-	66
沈没	-	80km、190km など	-	-	-	66
沈没	-	80km、190km など	-	-	-	66
沈没	-	ca.60km	-	-	-	54, 71
沖縄県宮古列島多良間島南海岸	700km	700km	ca.30 日	1900km	76 日	27
清国乍浦 (ZhaPu) 近辺の小島 (中華人民共和国上海市虹口区乍浦)	-	1200km	-	1900km	1 ヵ月	11, 16, 37
(アメリカ船オークランド号)	-	-	-	-	-	45
(アメリカ捕鯨船ヘンリー・ニーランド号)	-	400km	-	-	-	1, 63, 17, 20, 25
八丈鳥島	-	35km	-	>625km	20-23 日	76, 38
八丈鳥島	100km	70-100km	2 日	>650km	8 日	9, 53, 46, 26, 31
フィリピン、サマル島またはミンダナオ島の南部ダヴァオ付近の、ホローグワン島	39km	370km	-	>3300km	10 ヵ月	44
カリフォルニア	-	750km	-	>8250km	3 ヵ月	14
フィリピン、ルソン島北部	-	-	-	>2500km	-	73
フィリピン、ルソン島北部バボヤン島 (Babuyan 諸島)	-	640km	-	>2500km	-	10
揚子江河口松江府 (中華人民共和国上海市松江区)	-	500km	-	900km	-	39
カリフォルニア、サンタ・バーバラ沖	380km	250km	-	9000km	-	70, 15, 49, 51, 35, 41
千島列島春牟古丹島 (ハリムコタン島/ハルムコタン島/Kharimukotan 島)	-	640km	-	2400km	9 ヵ月	12, 59, 35, 43

年	和暦	船種	船名 （船主・乗船者など）	a. 船籍（出身地）	b. 出港	c. 仕事海域 （海難海域）
2008	平成 20	巻き網漁船	第 58 寿和丸	いわき市小名浜機船底曳網 漁業協同組合	宮城県塩釜港	千葉県銚子市犬吠埼 灯台沖東 350km
1914	大正 3	サンゴ船 及び漁船	複数漁船（約 60 人）	五島富江、大分、 鹿児島県坊津町など	富江、 鹿児島県坊津	長崎県五島市 男女群島
1910	明治 43	サンゴ船 及び漁船	複数漁船 （約 200 人）	五島富江、大分、 鹿児島県坊津町など	富江、 鹿児島県坊津	長崎県五島市 男女群島
1906	明治 39	サンゴ船 及び漁船	複数漁船 (173 隻 734 人)	五島富江、大分 鹿児島県坊津町など	鹿児島県坊津 富江	長崎県五島市 男女群島
1905	明治 38	サンゴ船 及び漁船	複数漁船 （155 隻 219 人）	五島富江、大分、 鹿児島県坊津町など	富江、 鹿児島県坊津	長崎県五島市 男女群島
1895	明治 28	サンゴ船 及び漁船	複数漁船 （約 300 人）	五島富江、大分、 鹿児島県坊津町など	富江、 鹿児島県坊津	長崎県五島市 男女群島
1895	明治 28	カツオ漁船	複数漁船（713 人）	鹿児島県枕崎		鹿児島県 大島郡黒島近海
1859	安政 6	廻船	善宝丸	岩手県宮古市	江戸	神奈川県浦賀沖
1850	嘉永 3	廻船	浮亀丸	長州 (山口県)		千葉県犬吠埼沖
1850	嘉永 3		栄力丸			三重県志摩大王崎
1850	嘉永 3		天寿丸 （和泉屋庄右衛門）	紀伊国日高郡 (和歌山県日高郡日高町)		静岡県伊豆沖
1844	弘化 1		幸寶丸	阿波国 (徳島県)		紀伊国比井岬沖 (和歌 山県日高郡日高町 大字比井沖)
1841	天保 12	はえ縄漁船	永福丸 (ジョン万次郎)	高知県土佐清水市中浜浦	土佐宇佐浦 (高知 県土佐市宇佐町 宇佐)	土佐沖
1841	天保 12	廻船	十七反帆観音丸 （観吉丸)	奥州伊達郡北半田（福島県 伊達郡桑折町北半田）	宮城県亘理郡荒浜 →宮城郡石浜港 (宮城県塩竈市 浦戸石浜)	千葉県九十九里浜沖
1841	天保 12	廻船？	栄寿丸 （中村屋伊兵衛）	摂津国（大阪）		千葉県犬吠埼沖
1828	文政 11		仁寿丸	八丈島八重根 (東京都八丈島八丈町大賀郷 八重根漁港)		カガヤン州
1827	文政 10		融勢丸	奥州八戸 (青森県八戸市)		房州沖 (千葉県房総沖)
1826	文政 9		寶力丸	越前国丹生郡下海浦 （福井県丹生郡越前町）		長門国仙崎沖 (山口県長門市仙崎)
1813	文化 10	廻船	督乗丸	尾張名古屋	江戸 (東京湾)	遠州灘
1812	文化 9	薩摩藩 御用船	永寿丸	鹿児島県薩摩川内市 港町船間島		紀州灘 (和歌山県沿岸)

表 2-1　日本の海難記録

八丈島 (東京都八丈島)	-	-	-	270km	八丈 - 江戸 4 日	75
八丈島末吉村 (東京都八丈島八丈町末吉)	22km	60km	-	300km	-	75
アメリカ船	-	>710km	-	-	-	10
千島列島幌筵島 (パラムシル島／ホロムシロ島 Paramushir 島)	-	720km	-	2000km	7 ヵ月	21
フィリピン、バタン (Batan) 諸島の小島	-	80-90km	-	>3000km	24-27 日	33
安南 (ベトナム) 西山 (ティエンジャン省・タイソン島)	40km	400km	約 12 日	>4400km	約 50 日	2, 47
アリューシャン列島の島	26km	-	-	>3000km	5 ヵ月	10, 68, 42
八丈鳥島	-	-	-	>880km	-	75
八丈鳥島	-	60km	-	650km	14 日	75
アリューシャン列島のアムチトカ島 (Amchitka 島)	2.8km	190km	-	>3700km	7 ヵ月	24, 35,36
千葉県安房国朝夷郡千倉 (千葉県南房総市千倉町北朝夷)	-	-	-	>2000km	-	67, 52
清国福建省 (中華人民共和国福建省)	-	500km	-	>2000km	1 ヵ月	29
清国 (中華人民共和国)	-	-	-	>2500km	-	32
清国福建省泉州恵安県の小島 (中華人民共和国福建省泉州市恵安県)	480km	330km	-	>2600km	3 ヵ月	32
ミンダナオ島	-	1300km	-	>3300km	-	28
清国南通州沖 (中華人民共和国江苏省南通市沖)	-	270km	-	1950km	-	7
	-	400km	-	-	-	22
台湾	-	6km	-	1800km	-	7
朝鮮国江原道江陵 (大韓民国 (韓国) 江原道江陵市)	-	86km	-	1120km	-	8
八丈鳥島	-	-	-	690km	-	75
台湾海峡の小島	-	96km	-	2400km	2-3 ヵ月	23

1809	文化 6	漁船		静岡県浜名郡新居町		
1808	文化 5	漁船	（与兵衛）	静岡県浜名郡新居町、源太山町	掛塚港 (静岡県磐田郡竜洋町掛塚)	渥美半島沖 (遠州灘)
1806	文化 3		稲若丸	安芸国豊田郡木谷浦 (広島県東広島市安芸津町木谷)		静岡県伊豆下田沖
1803	享和 3		慶祥丸	奥州北郡牛滝村（青森県下北郡佐井村）		千葉県銚子沖
1795	寛政 7		徳永丸（久保屋儀兵衛）	陸奥国土佐郡青森大町 (青森県)		北海道函館沖
1794	寛政 6	南部御穀船	大乗丸	奥州名取郡閖上浜（宮城県名取市閖上閖上浜）	宮城県石巻市→寒風沢 (宮城県塩竈市浦戸寒風沢)→江戸	安房沖、房州新湊沖 (千葉県房総半島沖)
1793	寛政 5	廻船	若宮丸（津太夫）	陸奥国石巻 (宮城県石巻)	宮城県仙台	仙台沖（仙台 - 江戸）
1790	寛政 2		住吉丸	日向志布志浦（鹿児島県志布志市）		
1785	天明 5	廻船	（長平）	高知県香美郡香我美町（香南市香我美町)		高知県室戸沖
1783	天明 2*1	廻船	神昌丸（大黒屋光太夫）	伊勢・南若松村 (三重県鈴鹿市南若松町)	伊勢　白子村 (三重県鈴鹿市白子町)	駿河沖 (静岡県駿河)
1780	安永 9	貿易	元順号	清国 (中華人民共和国)		
1779	安永 8		住吉丸	大坂安倍川		伊豆、中木浦 (静岡県賀茂郡南伊豆町中木)
1775	安永 4			相馬領（福島県相馬市）		
1774	安永 3		永福丸	陸奥国小竹浜 (宮城県石巻市小竹浜)	浦賀（神奈川県横須賀市浦賀）	平潟沖 (神奈川県横浜市金沢区平潟町) →塩屋崎 (福島県いわき市平薄磯字宿崎塩屋崎沖)
1764	明和 1		伊勢丸	筑前志摩郡唐泊浦（福岡県福岡市西区宮浦 - 唐泊港）		茨城県鹿島灘
1761	宝暦 11		福吉丸	陸奥国亘理郡荒浜 (宮城県亘理郡亘理町荒浜港)		千葉県銚子沖
1757	宝暦 7	廻船		志州（三重県）		大阪 - 伊勢
1757	宝暦 7	廻船？	若市丸	志摩国布施田浦 (三重県志摩市志摩町布施田)		志摩、大王崎 (三重県志摩市大王町大王崎)
1756	宝暦 6			陸奥国津軽郡石崎村 (青森県東津軽郡平舘村石崎)		松前沖 (北海道松前郡松前町)
1753	宝暦 3	廻船	（鍋屋五郎兵衛）	大阪府阪南市箱作		
1752	宝暦 2	廻船？	十三夜丸	奥州相馬（福島県相馬市）	奥州相馬 (福島県相馬港)	磐城沖 (福島県いわき市沖)

表 2-1　日本の海難記録　つづき

清国浙江省舟山列島花山（中華人民共和国浙江省舟山市定海区大菜花山）	-	ca.90km	-	2300km	3ヵ月	65
清国福建省（中華人民共和国福建省）	-	180km	-	2500km	4ヵ月	34
清国漁山（中華人民共和国浙江省寧波市象山の最東南端の漁山列島）	-	ca. 600km	-	640km	-	6
八丈鳥島	-	75km	-	500km	-	4
ロシア・カムチャッカ半島南端	-	700km	-	＞2800km	6ヵ月	
八丈鳥島	＞660km	ca.330km	-	550km	2ヵ月	75, 78
駿河国安部郡清水浦（静岡県静岡市清水港）	-	-	-	＞1400km	-	30
フィリピン、ルソン島（呂宋）	-	-	-	＞1700km	-	74
小笠原母島	ca. 83km	300km	-	ca. 1000km	72日	77, 64, 18, 19
フィリピンバタン島 (Batan)	-	ca.70km	-	＞2150km	1ヵ月	13
択捉島付近の島	-	100km	-	1500km	-	5
無人島→ポシエット湾（ロシア Posyet Bay)	-	280km	-	800km	-	3
南方の島	-	200-300km	-	-	-	4
北面仇彌島（沖縄久米島）	-	-	-	＞766km	-	40

1752	宝暦 2	20 反帆廻船	春日丸 （大島屋加平衛）	宮城県気仙沼		宮城県仙台沖
1750	寛延 3		神力丸	陸奥国盛岡郡白浜村 (岩手県宮古市白浜)		宮城県仙台沖
1741	寛保 1			薩摩 (鹿児島県)		沖縄久米島沖
1738	元文 3			江戸堀江町 (東京都江戸川区堀江町)		千葉県須崎沖 （千葉県館山市洲崎沖
1728	享保 13	廻船	若潮丸	薩摩 (鹿児島県)	鹿児島または大阪	鹿児島 - 大阪間
1719	享保 4	廻船	鹿丸（甚八）	静岡県浜名郡新居町	宮城県石巻	千葉県九十九里浜沖
1705	宝永 2			琉球（沖縄県）		
1671	寛文 11	航海				長崎 (長崎県)
1670	寛文 9*2	11 反帆廻船		阿州海部郡浅川浦 (徳島県海部郡海南町浅川浦)	紀州有田郡宮崎 (和歌山県有田市宮崎)	遠州灘 （静岡県浜松沖）
1668	寛文 8		（権田孫左衛門）	尾張国知多郡大野村 (愛知県知多市大野町）		三河国の沖 （愛知県東部）
1661	寛文 1			伊勢松坂 (三重県松坂市)		遠州灘 （静岡県浜松沖）
1644	寛永 20			越前国三国浦新保村 （福井県三国町新保）		新潟県佐渡沖
1625	寛永 2			讃岐国高松 (香川県高松）		和歌山県紀伊沖
1456	景泰 7			韓国済州島		韓国済州島

表 2-1　日本の海難記録　つづき

＊1　天明 2 年の事例も同様に太陽暦では 1783 年。
＊2　寛文 9 年の事例は旧暦で 12 月の為太陽暦では 1670 年となる。

再考すべき〈海の視点〉

これまで挙げてきた事実によってわかるとおり、海では陸から遠い距離であるから危険なのではない。和歌山県の潮岬沖、千葉県の野島崎沖など、陸からの距離が近くであろうとも、危険な場合には現代の船舶でも十分危険なのである。「板子一枚下は地獄」という生命観はこのような事実にもとづいている。

一九六七年に建造された東京大学の海洋研究船の初代「白鳳丸」は三二〇〇トンであり、新田次郎の描いた和船の一〇〇〇倍以上のサイズであったが、その沖縄での一二月〜二月の航海の際に、ブリッジ（船の操舵室）にいるのに、なぜかブリッジの照明が海に映っているのが窓から見える（＝船が非常に傾いている）ほどの非常な荒天（嵐）で、航海後、新米船員から「やめさせてください。こんな命にかかわるなんて聞いていません」と退職希望が出されたという逸話もあったという（pers. comm. 白鳳丸、二〇〇九）。一見、信仰とは無縁そうな、独立法人海洋科学技術センター・JAMSTEC（現・海洋研究開発機構）の船の出港の際も、ブリッジでは「お神酒」を神棚に上げて、航海の無事を祈るのが通例である。

〈海の視点〉は本稿で書いたとおり、距離感覚も位置の確定も〈陸の視点〉とは大きく異なっており、この点から日本における海運・歴史・文化を再考する必要があると考えられる。

引用文献

〔1〕 Anonymous「亜墨漂客談（外題：紀州天寿丸亜墨漂客談）上、下」（東京海洋大学所蔵）
〔2〕 Anonymous「安南国漂流人帰国語」（牡鹿郡大瓜村棚橋　佐藤　天保四年写本）

〔3〕Anonymous「異國漂着船話　巻之一」（石井研堂漂流記コレクション）（東京海洋大学所蔵）

〔4〕Anonymous「異國漂着船話　巻之二―［三］」（石井研堂漂流記コレクション）（東京海洋大学所蔵）

〔5〕Anonymous「異國漂着船話　巻之四―［五］」（石井研堂漂流記コレクション）（東京海洋大学所蔵）

〔6〕Anonymous「異國漂着船話　巻之七」（石井研堂漂流記コレクション）（東京海洋大学所蔵）

〔7〕Anonymous「異國漂着船話　巻之八―［九］」（石井研堂漂流記コレクション）（東京海洋大学所蔵）

〔8〕Anonymous「異國漂着船話　巻之十」（石井研堂漂流記コレクション）（東京海洋大学所蔵）

〔9〕Anonymous「異国漂流物語」

〔10〕Anonymous「異国漂流人帰国之記」（東京海洋大学所蔵）

〔11〕Anonymous「雲州人漂流記：全」（石井研堂漂流記コレクション）（東京海洋大学所蔵）

〔12〕Anonymous 一九〇八「永寿丸魯国漂流記」（漂流奇談全集／石井研堂編校訂）（国立国会図書館所蔵）

〔13〕Anonymous「尾張者異國漂流物語」（石井研堂漂流記コレクション）（東京海洋大学所蔵）

〔14〕Anonymous「海外異聞　五巻（存三巻）／靏湖漁叟撰并書」（石井研堂漂流記コレクション）（東京海洋大学所蔵）

〔15〕Anonymous 一八四七「海表異聞」巻六十二～六十六の「船長日記」［弘化四年］

〔16〕Anonymous「嘉永船便加羅物がたり」（石井研堂漂流記コレクション）（東京海洋大学所蔵）

〔17〕Anonymous「紀州天壽丸露國漂流記」（石井研堂漂流記コレクション）（東京海洋大学所蔵）

〔18〕Anonymous「寛文十年無人島漂流記」『小笠原島紀事・巻之二十七』（国立公文書館内閣文庫蔵）

〔19〕Anonymous「寛文十年ニ紀州藤代村ノ廻船難風ニアヒ遠嶋エ吹流サレテ皈帆ノ時ノ覚書ノ次第」『玉適隠見・巻第二十一』（西尾市立図書館岩瀬文庫蔵）

〔20〕Anonymous「北沙奇聞録」（東京海洋大学所蔵）

〔21〕Anonymous「亨和漂民記」（石井研堂漂流記コレクション）（東京海洋大学所蔵）

〔22〕Anonymous「志州小平次外国江舟吹流ル由来記　天明五巳歳　写」上藤正総写

〔23〕Anonymous「十三夜丸臺湾漂流記：完」（石井研堂漂流記コレクション）（東京海洋大学所蔵）

〔24〕Anonymous「神昌丸漂民記」

〔25〕Anonymous「豆州下田港江異國船入津漂流人乗セ来始末荒増於異船承リ書留写漂民蠻話：完／翠羅堂禾恵誌」（石井研堂漂流記コレクション）（東京海洋大学所蔵）

〔26〕Anonymous「大日本土佐國漁師漂流譚」（石井研堂漂流記コレクション）（東京海洋大学所蔵）

〔27〕Anonymous 一八六〇「多良間漂流記」（安政七年）

〔28〕Anonymous「筑前船漂流記」（東京海洋大学所蔵）

〔29〕Anonymous「中華漂流記」（東京海洋大学所蔵）

〔30〕Anonymous 一八五〇～一八五三「通航一覧　琉球国部　巻之二十四」（嘉永三～六年）（東京大学史料編纂所所蔵）
〔31〕Anonymous「土州漂流人口書：完」（石井研堂漂流記コレクション）（東京海洋大学所蔵）
〔32〕Anonymous「日本人唐国へ漂流長崎江送届帰国之記」但　牡鹿郡小竹浜六兵衛船
〔33〕Anonymous「羽州新屋敷村吉太郎漂流之聞書」（東京海洋大学所蔵）
〔34〕Anonymous「漂海記」（東京海洋大学所蔵）
〔35〕Anonymous「漂流記　上　永壽丸、督乗丸、神昌丸」（東京海洋大学所蔵）
〔36〕Anonymous「神昌丸漂流記　下　神昌丸、幸太夫、磯吉」（東京海洋大学所蔵）
〔37〕Anonymous「船便唐物語」（東京海洋大学所蔵）
〔38〕Anonymous「撫養天野屋船南部船外船二被助聞書」（石井研堂漂流記コレクション）（東京海洋大学所蔵）
〔39〕Anonymous「文政九戌年越前之者九人唐國南京省中漂流覚書」（石井研堂漂流記コレクション）（東京海洋大学所蔵）
〔40〕Anonymous 二〇〇三「李朝実録（世祖八年二月）」（『最新版 沖縄コンパクト事典』 二〇〇三年三月・琉球新報社発行）
〔41〕Anonymous「魯西亜國漂流記／鈴木重宣写」
〔42〕Anonymous「魯西亞國船渡來記　乾、坤」（東京海洋大学所蔵）
〔43〕Anonymous 一八一七「露西亜漂流記」
〔44〕Anonymous「呂宋國漂流記／大槻清崇記」　森下晋二氏寄贈本、積成會寄贈本（東京海洋大学所蔵）
〔45〕播州彦藏「漂流記二巻」（石井研堂漂流記コレクション）（東京海洋大学所蔵）
〔46〕鈍通子　一八五三「大日本土佐國漁師漂流記」［嘉永六］
〔47〕枝芳軒「南瓢記五巻」（石井研堂漂流記コレクション）（東京海洋大学所蔵）
〔48〕萩　慎一郎二〇〇八「第九章　近代日本における珊瑚漁と黒潮圏」（岩崎　望編二〇〇八「珊瑚の文化誌―宝石サンゴをめぐる科学・文化・歴史」東海大学出版会 p.201-240.
〔49〕池田寛親　一八二三「船長日記／池田寛親撰」［文政六年］
〔50〕石井謙治　一九九五　ものと人間の文化史「和船Ⅰ」　法政大学出版局 pp.413
〔51〕石井研堂編校訂一九〇八「督乗丸魯国漂流記」（漂流奇談全集）
〔52〕兒琮玉卿甫「漂客紀事」（東京海洋大学所蔵）
〔53〕川田維鶴撰「嘉永五年難船人帰朝記事：全漂巽記略四巻」（東京海洋大学所蔵）
〔54〕鹿児島県水産技術者OBなぎさ会編　二〇〇〇「鹿児島県水産技術のあゆみ」　鹿児島県
〔55〕海上保安庁　二〇〇五「平成16年における海難及び人身事故の発生と救助の状況について（確定値）」
〔56〕海上保安庁　二〇〇七「平成18年における海難及び人身事故の発生と救助の状況について（確定値）」
〔57〕海上保安庁　二〇〇九「平成20年海難の現況と対策について」

〔58〕海上保安庁　二〇〇九「平成20年版　海上保安統計年報」
〔59〕川上親信　編　一八二五「漂海紀聞／川上親信　編」［文政八年］
〔60〕北原多作　一九〇四「さんご漁業調査報告」水産調査報告書13(3): 1-24
〔61〕小西四郎・田辺悟　構成　一九八八「モース・コレクション／民具編　モースの見た日本」二〇〇五　普及版、小学館　pp.215
〔62〕松本健一　二〇〇三「砂の文明・石の文明・泥の文明」PHP研究所　pp.204、二〇一二　岩波現代文庫　pp.240
〔63〕紀州太郎兵衛「紀州太郎兵衛自筆漂流記　乾」（石井研堂漂流記コレクション）（東京海洋大学所蔵）
〔64〕近藤富藏　編「奥山日記引用記事」『八丈実記・第二巻』（東京都立中央図書館藏）
〔65〕西田耕三「春日丸伝兵衛漂流記」
〔66〕新田次郎　一九七八「珊瑚の島取材記」in「珊瑚」新潮社　pp.277
〔67〕大田南畝撰「難船紀聞」
〔68〕大槻玄沢編　一八〇七「環海異聞」
〔69〕ペリー　一八五六「ペルリ提督・日本遠征記」岩波文庫　全四巻　一九四八年刊（Narrative of the Expedition of on American Squadron to the China seas and Japan performed in the years 1852, 1853, 1854, under the Command of Perry, 1856）
〔70〕佐藤公業・藤隆則　一八一七「尾薩漂民私記草稿」一八一七（写）
〔71〕西部海難防止協会 鹿児島支部　二〇〇三「黒島流れ」「枕崎警察署の沿革史」第122号
〔72〕庄境邦雄　二〇一三「土佐珊瑚の文化と歴史　さんごの海」高知新聞社　pp.278
〔73〕竹節洞主人　一八三五「宇婆良加波那」［天保六］
〔74〕立原翠軒「呂宋覚書」
〔75〕地域の暮らしを記録する会　二〇〇四「新居書留帳第四集　遠州新居無人島漂流者の話　織田作之助「漂流」（復刻）と解説（山口幸洋）」日本財団
〔76〕宇田川興齋「乙巳漂客記聞：完」（石井研堂漂流記コレクション）（東京海洋大学所蔵）
〔77〕浦川和男　一九九九「実録　小笠原母島漂着記　（一）」「海と安全」六月号（No.485）
〔78〕山下恒夫再編　一九九二『石井研堂コレクション江戸漂流記総集』第一巻　日本評論社

第三章　オーストリア＝ハプスブルク帝国と海洋

「うたかたの恋」——皇太子ルドルフのサンゴ

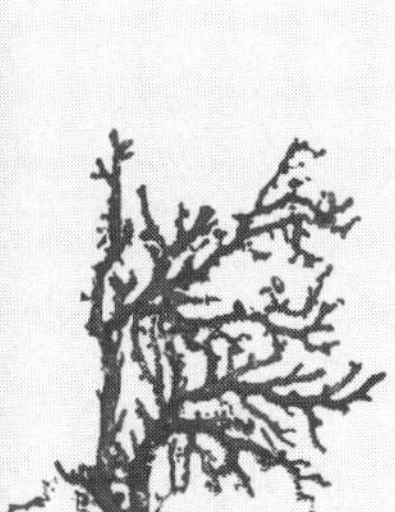

陸の帝国――オーストリアの海への挑戦

オーストリア＝ハプスブルク帝国は少なくとも一六世紀から二〇世紀初頭まで続いたオーストリアの帝国である。一三世紀にはハプスブルク家のルドルフ（一二一八～一二九一）が神聖ローマ帝国の皇帝に選出され、一五世紀以降は帝国とハプスブルク家はほぼ同義語となった。[14] オーストリアの首都「ウィーン」はドナウ川の片隅に立地し、同じドナウ川流域ではヨーロッパでもっとも古い先史時代の土偶（ヴィレンドルフのヴィーナス、約二四〇〇〇年から二二〇〇〇年前）を産出したことでも知られる、旧石器時代からの要所であった。

ドイツ、ハンガリー、チェコなどと接しているこの内陸国家オーストリアに「海軍」が存在し、また世界一周の「海洋調査」（Novara expedition 一八五七～五九）を行なったというのは不思議に思えるかもしれない。しかし、第二次世界大戦後にハリウッド映画によって有名になった『サウンド・オブ・ミュージック』のトラップ大佐が海軍大佐の設定を踏襲しているように、かつてオーストリアには海軍が存在していた。

一五世紀半ばから始まった「大航海時代」（英語名では「大発見時代」〈Age of discovery〉）、ヨーロッパは、インド・アジア大陸・アメリカ大陸などへのさまざまな探検、貿易、領土獲得、植民地化などを行なった。一七世紀中ごろまでにほとんどの土地にヨーロッパ人が到達し、大航海時代自体は終焉を迎えたが、それに引きつづき、今度はヨーロッパ・アメリカによる科学調査航海が行なわれる一八世紀から一九世紀の「啓蒙時代」(Age of Enlightment)がやってきた。

一九世紀末、オーストリアは世界一周航海、紅海、北極航海などの大規模な海洋調査を行ない、現在の「ウィーン自然史博物館」(Naturhistorisches Museum Wien:NHMW)はそれらの所蔵標本を保管するために建設されたといっても過言ではない。自然史博物館には世界有数の(「世界一」といってもいいかもしれない)紅海のサンゴ礁の「骨格標本コレクション」(一八九五〜一八九八採集)が所蔵されており、それらは現在の世界状況からすると、二度と採集することが不可能な、貴重な標本類である。この海域のサンゴ礁の研究をしている研究者は世界でもごく少なく、膨大な標本の量に研究が追いつかないままである。このウィーン自然史博物館に、「日本産」のサンゴも所蔵されている。

ウィーン自然史博物館――ハプスブルク家のコレクション

ウィーン自然史博物館の所蔵品は、マリア・テレジア(Maria Theresia 一七一七〜一七八〇)の夫、皇帝・フランツ一世(フランツ・シュテファン Franz I Stephan 一七〇八〜一七六五)が、一七五〇年にフィレンツェのジャン・ドゥ・バイユウ(Chevalier Johann von Baillou 一六八四〜一七五八)から三〇〇〇〇点におよぶ宝石、鉱物などの資料を購入したことに始まる。[12] 一七六五年の皇帝フランツ一世の死後、マリア・テレジアはそのコレクションを国家のものとした。そして、それを一週間に二度、一般公開した。[12・32] これが「ウィーン帝国博物館」(Musei Caesarei Vindobonensis)である。

ウィーンのラテン語名は「ウィンドボナ」(Vindoboa)である。この地名は、同名のローマ帝国の宿営地ウィンドボナを起源としている。マリア・テレジアの孫が、オーストリア゠ハンガリー帝国フランツ・ヨーゼフ皇帝の祖父にして最後の神聖ローマ皇帝、フランツ二世(オーストリア皇帝フランツ一世。一七六八〜一八三五)である。博物学コレクションは一八世紀のあいだ、「ホーフブルク宮殿」で珍しい貝、サンゴ、化石、貝殻、宝石、鉱物などが知識を得るために、そして驚嘆するために公開されていた。[32]

一八四八年に一八歳のフランツ・ヨーゼフ皇帝(一八三〇〜一九一六)が即位した。一八五七年の年、彼はウィーンの市域拡大と改修美化に関する勅令を出した。[13] そして、ウィーンの古い城壁を撤去し、現在も残るリングシュトラーセ(環状道路)を一八五九年に建設を開始すると同時に、周囲の再開発を行なった。一八六〇年代以降、国会議事堂、市庁舎、ブルク劇場、国立歌劇場が建設された。この環状道路は現在も市電が周回している(**図3−1**、**図3−2**)。一九世紀、とくに一八六〇年代以降がウィーンの産業膨張期にあたり、現在のウィーンの中央部の景観はほとんどこの時期に形成されている。

自然史博物館と美術史博物館は、主にハプスブルクの増え続ける膨大なコレクションを収納するために、一八七二年から一八九一年の間に、環状道路の建設に伴って建設された。標本類は、その前はホーフブルク宮殿内部に所蔵されていた。[33] またコレクションの一部は古い建物から移されたものもあった。たとえば動物学キャビネットコレクションの入っていた「ホフビブリオテク」(Hofbibliothek)などである。[34]

自然史博物館は一八五一から一八七六年の間に再編成され、一八八九年八月一〇日に正式にフラン

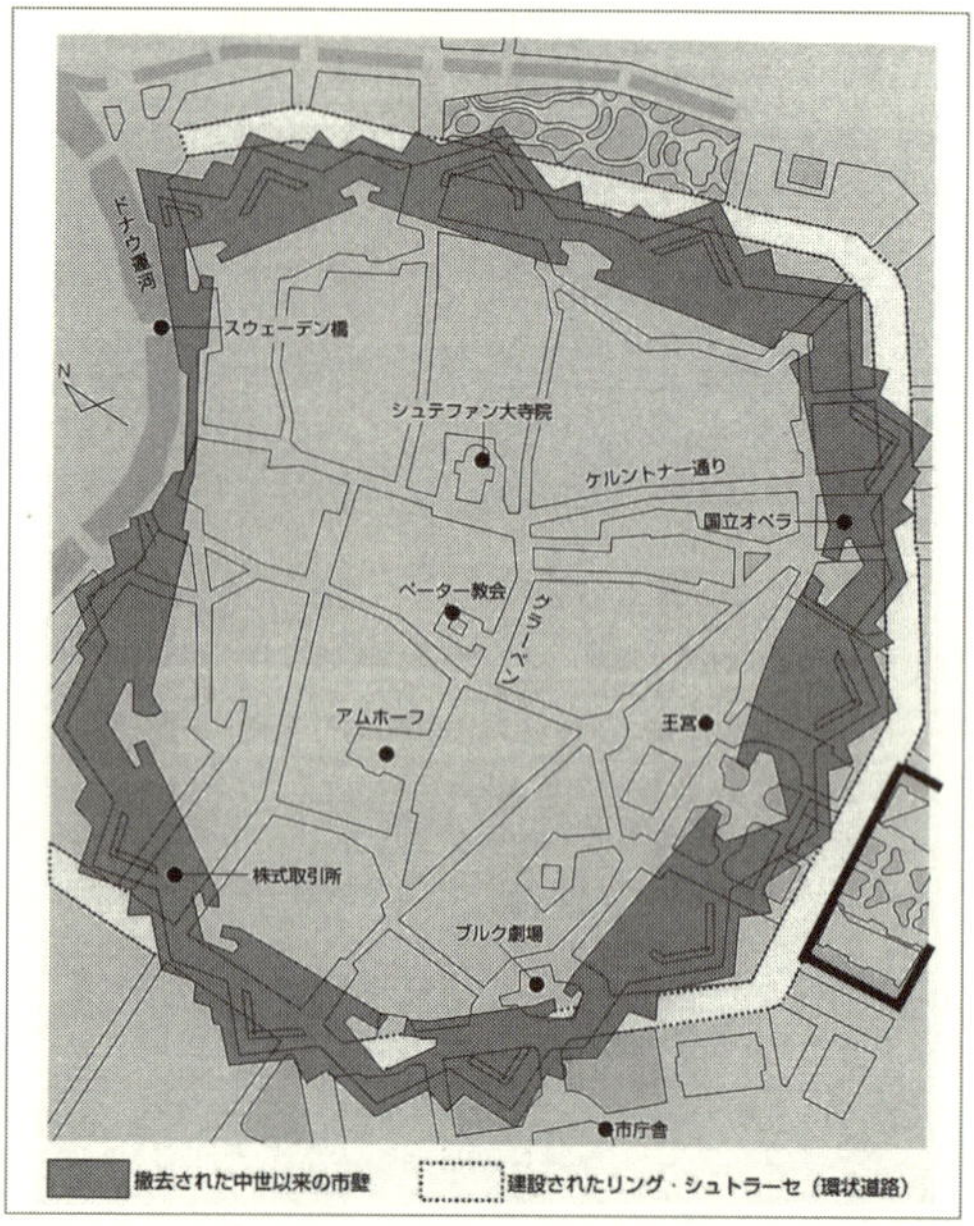

図 3-1　ウィーン・リング・シュトラーセ（環状道路）。自然史博物館と美術史博物館は王宮の外側のリング・シュトラーセの外側（囲った部分）に位置する。（加藤 1995 図説ハプスブルク帝国より引用および加筆）

図 3-2　ウィーン自然史博物館（Naturhistorisches Museum Wien: NHMW）の屋上から、ウィーン市庁舎及びホーフブルク宮殿の庭。左端の人物像の列は自然史博物館と美術史博物館の屋上の各分野の偉人の像。（筆者撮影、2012）

図3-3　ウィーン自然史博物館（NHMW）の研究室の窓から見える向かいの美術史博物館。間はマリア・テレジア広場である。（筆者撮影 2012）

図3-4　標本キャビネットが並ぶ壮麗な回廊。床も石のモザイクになっている。自然史博物館のバックヤード。（筆者撮影 2012）

ツ・ヨーゼフ一世により、「美術史博物館」（Kunsthistorisches museum）と同時に一般公開された。この二つの博物館は外観を同じくし、マリア・テレジア広場を挟んで向かい合っている。[35]そのため自然史博物館でサンゴ標本調査の研究をしている部屋の窓から、向かいの美術史博物館が見えるのであった（図3−3）。当初は大きな構想であったが、予算がかかりすぎるとのことで自然史博物館と美術史博物館の〈対〉の博物館だけが建設されたという。

現在の建物は一八七一から一八九一年の間に建設されたもので、[35]いまも当時の姿のままである。標本が所蔵されているキャビネットのある回廊の天井には、当時のままの美しい装飾を見ることができる（図3−4）。自然史博物館の屋上には各分野の「偉人」の像が並んでいる。じつは、この像をまぢかで見られるのは、屋上に出ることのできる博物館の研究者だけであり、

【図3―2】はその屋上から筆者が撮影したものである。

美術館と自然史博物館とで共通している人物はただひとり、ギリシャのアリストテレス（哲学者。前三八四〜前三二二）、建設が始まった当時に存命だった人物は、「進化論」で有名なイギリスの学者チャールズ・ダーウィン（一八〇九〜一八八二）だけであったという。[43] ダーウィンは現在では「進化論」によって生物学者の側面もあるのだが、もともとは地質学者である。

発見された日本のサンゴ標本

この自然史博物館に、いくつかの「日本産」のサンゴ標本が所蔵されている（図3―4）。標本ラベルおよび古い博物館標本カタログ（台帳）には以下の通り記載されている。カタログというのは、博物館が現在の姿になる前の古い標本番号を記録した革装の本で、すべての所蔵標本のデータの詳細が当時の「記録」として書かれているものであり、ウィーンのカタログはおよそ一五〇年ほど前のノートになる。ラベルとカタログの情報をあわせると、以下のとおりである（図3―5）。

〝Coll. Musei Vindobonensis
Evertebr. varia Inv. No.8108
Leptogorgia spec.
Japan

Kronprinz Rudolf 1076
Sr Rais Hopeit
dam Kronprintz Rudolf〃
（ウィーン博物館コレクション
無脊椎動物 .varia（variation?）
無脊椎動物番号八一〇八（登録番号）
Leptogorgia spec.（サンゴ種名）
日本産
皇太子ルドルフ　旧登録番号一〇七六）

もう一つは、

〃NHMW 8132
A. N. 1076
Gorgonia
Sr. Rais Hopeit dam kronprinz Rudolf〃
（ウィーン自然史博物館八一三二（登録番号）
旧登録番号一〇七六

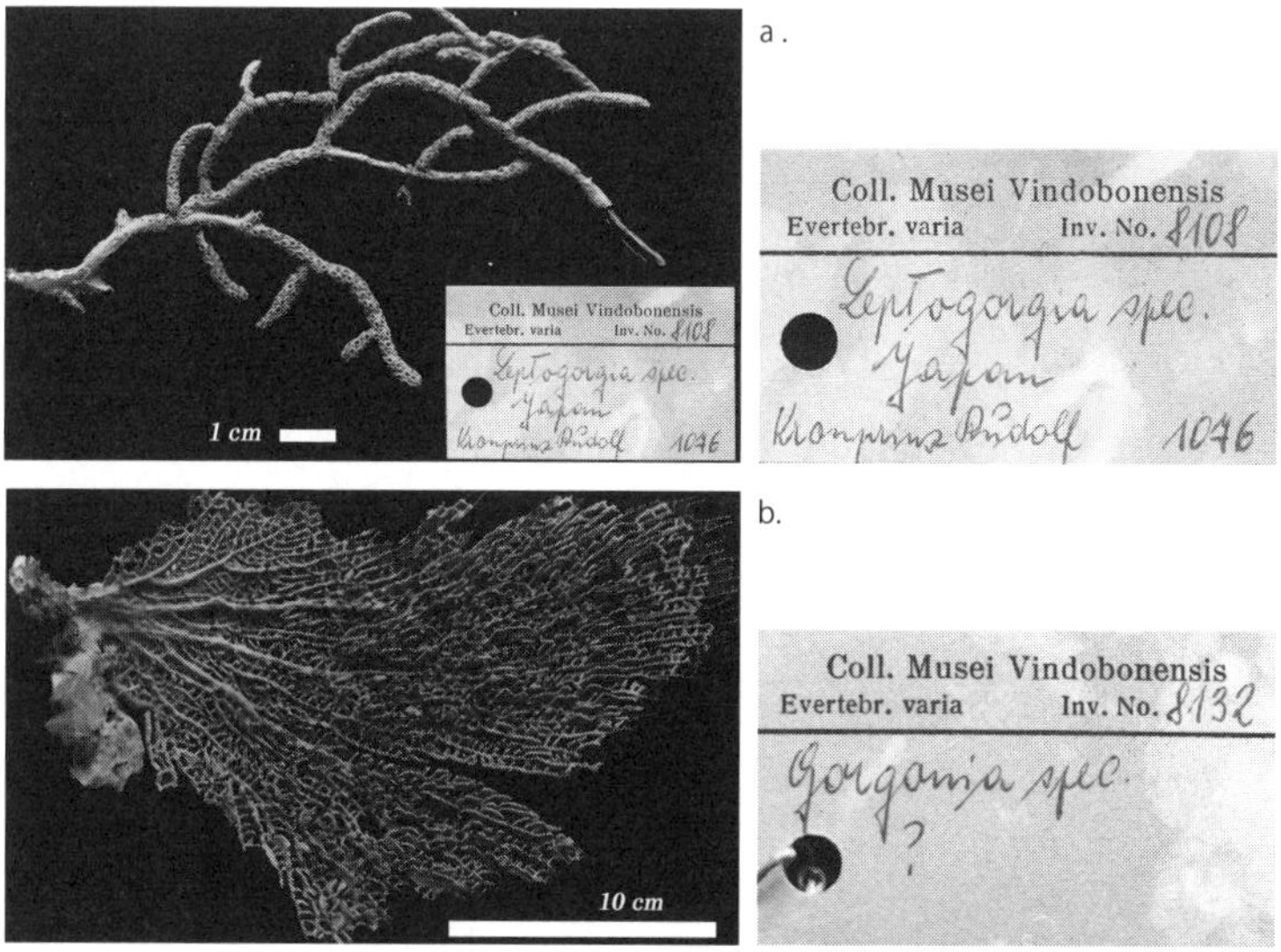

図 3-5　ウィーン自然史博物館（MHMW）所蔵の日本産八放サンゴ標本とラベル。
a. NHMW8108（A. N. 1076）, b. NHMW8132（A. N. 1076）.（筆者撮影 2012）

Gorgonia（サンゴ種名）

Sr.Rais Hopeit　皇太子ルドルフ）

これらの標本は二〇一二年の標本調査の際に、筆者により発見された。この二つの標本データに記されている〈Kronprinz Rudolf〉とは、一八七五年当時のオーストリアの皇太子、かつ名前が「ルドルフ」といえば、一人しかいない。神聖ローマ帝国皇帝・ハプスブルク王朝最後の皇帝フランツ・ヨーゼフと皇妃エリザベートの息子、ハプスブルク帝国後継者でありながら〝自殺〟を遂げた皇太子、ルドルフ（一八五八～一八八九）である。

皇太子ルドルフは、フランスの作家クロード・アネ（Claude Anet　一八六八～?）によって小説化され、海外では「マイヤーリンクの悲劇」として何度も映画化され、日本でも宝塚歌劇で「うたかたの恋」として舞台化されるなど、世紀末ウィーン・ハプスブルクのフィクション・ロマンスとして、またハプスブルク帝国の皇太子が〝情死〟するというスキャンダル性とで、現在においても非常に人気のある人物である。母のオーストリア皇后エリザベートも〝さすらいの皇妃〟として知られ、その生涯は何度も映画化され、ミュージカルになり、ウィーンおよび日本でも根強い人気を誇っている（**図3－6**、**図3－7**）。

しかし、このルドルフが自然科学分野へ強い興味を示していたことは、日本ではほとんど知られていない。

皇太子ルドルフ――軍事より学問に傾注

皇太子ルドルフは一八五八年八月二一日に、ハプスブルク帝国皇帝フランツ・ヨーゼフと皇妃エリザベートの長男として産まれた。生まれてすぐに、皇帝フランツ・ヨーゼフにより、帝国陸軍第一九連隊の大佐に任命された[21・36]。だが彼は、軍隊や軍事には熱中せず、文芸のほかに自然科学、わけても鳥類学と鉱物学に関心を寄せていた[21・37]。

一八七〇年、一二歳のときに、すでに鳥類学への興味のあらわれとして「鷹狩」に関する一〇〇ページもの最初の論文「イーグル・ハント（鷹狩）」（Adlerjagden［Eagle Hunts］）を発表し、また生涯で四〇編の鳥類学の論文を書いている[36]。また彼の鉱物学への知識と興味は、一八七二年に自然科学の分野の個人教師であった地質学者のフェルディナンド・フォン・ホックステッター（Christian Gottlieb Ferdinand von Hochstetter 一八二九〜一八八四）によるところも大きい[42]（**図3―8**）。

図3-6　皇太子ルドルフ 1881年（Kronprinz Rudolf von Österreich Zu Tempeln und Pyramiden. Meine Orientreise 1881. Herausgegeben von Heinrich Pleticha. 2005 Edition Erdmann GmbH, Lenningen. 口絵引用

図3-7　皇妃エリーザベト　フランツ・ヨーゼフの妃。バイエルン出身でさすらいの皇妃として知られる。（加藤1995 図説ハプスブルク帝国より引用）

図 3-8　1874 年、15 歳の時の皇太子ルドルフの教師たち。
前列左から 3 人目が自然科学分野の教師であった地質学者フェルディナンド・フォン・ホックステッター（のちのウィーン自然史博物館 NHMW の初代館長（1876-1884）。その他後列左から、Lietenant-Colonel Anton Kraus（軍事科学）、宮廷司祭 Laurenz Mayer（宗教学）、Josef Krist（博物学）、Wagner 大佐（軍事科学）、Du Chêrne（フランス語）、Greistorfer（ドイツ語）、前列左から、物理学者 Dr. Jungh, Heinrich von Zeißberg（歴史）、Ferdinand Hochstetter(博物学)、Josef Zhisman（歴史）。（Web Ref.　CPR-TOL, 2012）

ホックステッターはフランツ・ヨーゼフ一世統治下のオーストリア帝国で、一八五七年から一八五九年にかけて行なわれたフリゲート艦「ノヴァラ号世界一周調査航海」（"Novara expedition"）（後述）に地質学者として指揮をとり、乗船した人物で、一八五六年にウィーン大学講師、[42]一八六〇年にウィーン帝国―王立工科大学（Imperial-Royal Polytechnic Institute in Vienna　現・ウィーン工科大学）の鉱物学および地質学の教授となっており、ちょうどこの間にルドルフの教師をつとめたと考えられる。ホックステッターは一八七六年から一八八四年に「帝国自然史博物館」（現ウィーン自然史博物館）の初代館長になっており、自然史博物館建設計画に関して主要な責任を果たした人物である。これらの事実から類推すれば、ルドルフ本人も自然史博物館とのつながりはずっと維持されていたことは確かである。[32]

一八七三年のウィーン万博の際、ルドルフは動物学者でありかつフリーメーソンであったアルフレート・ブレーム（Alfred Brehm 一八二九～一八八四）と出会った。ルドルフのもっとも熱心な科学的な書簡はブレームとのものであり、ブレームのほうもその著書『動物の生態』のうちの二つの巻をルドルフに捧げている。[21]

一八七七年、ルドルフは学問を修了したことにより、聖シュテファン教皇騎士団勲章を授与された。一八七八年には、動物学者ブレームのハンガリー南部への調査に同行し、ブレーム著『動物の生態（Alfred Brehm's Thierleben）』第二版のために、鳥類学の論文三篇を執筆している。[21・36] このときの調査旅行についてのルドルフの初著書は『ドナウでの一五日間（Fünfzehn Tage auf der Donau）』というタイトルで刊行された。ルドルフ二〇歳の時である。この著作により鳥類学者として評価され、ルドルフは帝国学術アカデミーの名誉会員に選出されている。[21]

ルドルフは鳥類を自然条件下で観察することと狩猟の両方を楽しんでいたようであり、一八八〇年の著作『鳥類学的観察と狩猟小旅行（Ornithologische Beobachtungen und Jagdreisen）』にそれがあらわれている。狩猟によって得た鳥類標本は、ヨーロッパの猛禽類や猟鳥類の研究に使われた。一八七〇年代と一八八〇年代に、ハプスブルクでは毎年三〇〇〇〇匹の動物が狩られたというが、これらの鳥類はウィーンの帝国自然史博物館において標本が作製され、ホーフブルクのルドルフの個室に設置した鳥類博物館に陳列された。ルドルフはこの標本をもとにした数多くの鳥類の「素描」も残している。[36] また、そのほかに鉱物と岩石形成にも興味を持ち、鉱物コレクションも所持していた。これは前述の地質学者であった教師のホックステッターの影響が大きいだろう。

百科事典執筆中に自殺

一八七九年には、今度はスペインとポルトガルに鳥類学調査旅行に行き、一八八〇年にはハンガリーのブダペスト大学から「名誉博士号」を授与されている。[36]

一八八一年、エジプト学者ハインリヒ・ブルクシュ（Heinrich Brugsch-Pascha）とともにエジプトとパレスチナへ三カ月の学術調査に出かけた。旅行は鳥類学および狩猟のほかに、考古学的調査と民族学的調査も含んでいた。鳥類学および民俗学的観察を含んだ旅行記は『オリエント旅行（Eine Orientreise）』として出版され、皇太子ルドルフの出版物のなかで最も広く知られた本となった。[19・36] 現在でも版を重ねており、入手可能である（図3―9）。翌年、一八八二年には、ドイツ鳥類保護協会（German association for the protection of Birds）から「名誉修士号」が授与されている。

一八八四年、ルドルフは第一回ウィーン鳥類学会の後援をしたことが知られており、このときの鳥類学会の記念の銅メダルが残っている。このメダルは皇太子ルドルフが単独で刻印されている、珍しいものである（図3―10）。ウィーン鳥類学会は一八七六年に設立されたもので、ルドルフはその年に協会の後援者となった。この学会の論文雑誌に、ルドルフは「一八篇」もの論文を寄稿している。[36] この論文発表ペースは本職の学者にも劣らないといっていい。地理学に関する論文で、ウィーン大学から「名誉学位」を授けられており、[7・36] またポーランドのクラクフ大学からも「名誉博士号」を授与されている。[21]

一八八三年から彼は、オーストリア＝ハンガリー帝国の百科事典的仕事に取りかかり始めた。これは、ルドルフの編による地誌の百科事典で、ルドルフの携わったなかで最も重要な書物であり、ドイツ語とハンガリー語にて刊行された。それが『言葉と絵でみるオーストリア＝ハンガリー帝国（Die österreichisch-ungarische Monarchie in Wort und Bild〈Wien, 一八八五〜一九〇二〉）』である。合計二四巻、五八七項目、四五〇〇の図表の大著であった。[36]

ルドルフはこの本のスポンサーであり、かつ本の数多くの部分を執筆しており、本は通称「皇太子の労作」と呼ばれていた。内容は、帝国の各地域や各民族の歴史的、経済的、文化的独自性、生活習慣を細かに描いている。最初の巻は一八八五年一二月一日にフランツ・ヨーゼフ皇帝に献呈された。「序文」はルドルフによって書かれたものであったが、フランツ・ヨーゼフはこのとき「本当に息子が序文を書いたのか？」と、ほかの二人の編集者にたずねたという。[21・36]

一八八九年一月三〇日、ルドルフはマイヤーリンクの狩猟用城館で男爵令嬢（マリー・ヴェッツェラ）と自殺した（図3—6、図3—11）。このとき皇帝狩猟用別荘「ゲデーレ」の項目を執筆していたことがわかっている。死の直前の一八八九年一月二六日（土）にも、この百科事典のドイツ語版編集者ヨゼフ・フォン・ヴァイレンに、続巻の執筆内容について手紙を送っている。

「ご存じかと思いますが、軍務に忙殺されて、ゲデーレの外観図はまだ書けていません。やるべきことが多いうえ、どれも時間がかかります。しかし月曜日にはマイヤーリンクに行きます。そのときには、数時間空き時間を見つけられると思いますので、ゲデーレの項目を書き上げたいと思います。……水

図 3-10　皇太子ルドルフ
第一回ウィーン鳥類学会記念メダル　1884 年
発行場所　Haus Habsburg/O:sterreich,　発行場所　Franz Joseph I. 1848-1916 Bronze-Medaille 1884（o. Sign., v. K. Radnitzky）auf die 3. Allgemeine Ausstellung des ornithologischen Vereind in Wien, unter dem Protektorat von Kronprinz Rudolf（Brustbild nach rechts//Eine nach links fliegende Taube u:ber zweigen）. Wurzb. 8041, Hauser 2857, 37, 7mm, 31, Org.　（筆者撮影 2012）

図 3-9　ルドルフ皇太子著「オリエント旅行（Eine Orientreise)」
Kronprinz Rudolf von Österreich Zu Tempeln und Pyramiden. Meine Orientreise 1881. Herausgegeben von Heinrich Pleticha. 2005 Edition Erdmann GmbH, Lenningen. 表紙

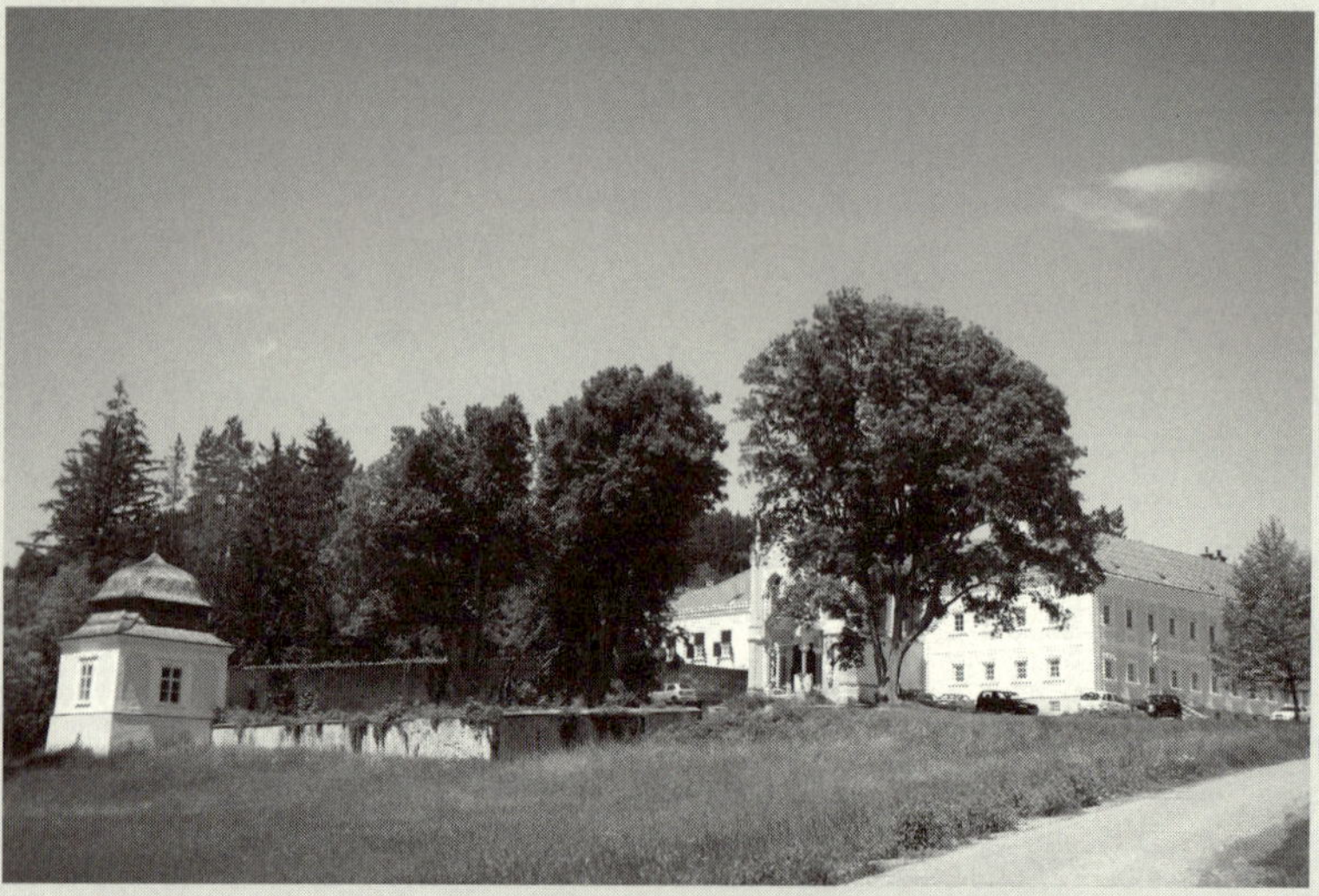

図 3-11　現在のマイヤーリンク
ルドルフの死後、旧マイヤーリンクの狩猟用城館をフランツ・ヨーゼフ皇帝が改築（筆者撮影 2012）

曜日か木曜日に原稿をおわたししたいと思います。」

四日後、ルドルフは自害し、最終巻がドイツ語、ハンガリー語で刊行されたのは、ルドルフの死後何年も経ったあとの一九〇二年であった。出版はルドルフの未亡人シュテファニーが支援し、著作集には「ルドルフ皇太子の提案と協力のもとに刊行されました」との言及がある。[21]

一八八九年の皇太子ルドルフの死後、彼個人のものであった自然科学コレクションは、当初ウィーン自然史博物館へと移された。彼の遺志は、彼のコレクションをウィーンの教育機関へ残したいというものだったので、地質、古生物、および鉱物コレクションはその後、帝国王室農科大学:現・ウィーン農科大学(K. k. Hochschule für Bodenkultur)の所有となった。[35]

残された「ルドルフのサンゴ」の来歴

ルドルフの日本産サンゴ標本(**図3―5a、b**)に話を戻すと、該当する標本番号(旧番号:アルト・ナンバー)は博物館の古いカタログ記録によると、一八七五年のページに記載されている。一八七五年は、基本的にカタログに記録された(博物館に記録された)年と考えられる。すると、サンゴが採集されたのは一八七五年か、それよりも前になる。通常、多くのヨーロッパ式の自然史博物館では、カタログに記録された年のほかに標本ラベルに「採集した年月日、採集場所」を記載するものであるが、この標本にはそのような情報は無く、「日本」と書かれているだけである。

また、カタログにあるサンゴに該当する番号は一つだけであるが、標本自体はその後「ウィーン博物館」の名前のもとに新たな登録番号が二種類のサンゴに別々に振り直されている。また同時にサンゴだけではなく、ほかの生物標本も登録番号を与えられてカタログに記載されている。登録後、誰もその学術的研究を行なった形跡はなく、カタログには〈*Gorgonia*〉（ヤギ類：八放サンゴ亜綱の仲間）、標本ラベルにも〈*Gorgonia, Leptogorgia* 属〉、までの記述しかない。

これらのことから、これらのサンゴの採集は博物学者などのプロの研究者およびその知識のある人物による採集ではない可能性が大きい。また一八七五年から現在までのあいだ、ウィーンの自然史博物館にサンゴの研究者が在籍していたことはない。同様の科学的に問題がちょっとある標本には、幕末に日本の出島にオランダの医師として来日したフランツ・シーボルトの標本や、進化論で有名なイギリスの地質学者ダーウィンの標本などがある。これらの有名人物による標本は、ラベルに標本の重要な情報である「採集した年月日と正確な採集場所」が欠けていることが多い。これにより標本自体の科学的な価値はかなり落ちるのだが、採集者の知名度により、別の意味で重要な標本となっている。

一八七五年の皇太子ルドルフはまだ一六歳。当時、ウィーンから日本への往復の旅は通常一年以上をかけているようなもので、勉学修了前の皇太子がそのような極東へ旅することは立場的にも距離的にも考えられない。

皇帝フランツ・ヨーゼフは、皇妃エリザベートが外国を旅することには寛大だったが、皇太子に関しては話は別だったようである。皇太子ルドルフ亡きあとに皇太子になったフェルディナント大公が、一八九二年に訪日する際にもかなり渋ったとされ、エリザベートのとりなしで初めて皇室の水雷巡洋艦

「エリザベート皇后号」を任務のために提供することに同意したという。[17] よって、一八七五年、またはそれ以前の一六歳未満のルドルフが、極東で調査を行なうことなど、論外だっただろう。

一八七五年のオーストリア皇室の挙動としては、エリザベート皇后がウィーンとバート・イシュルでわりあい長く滞在したのち、夏をフランス・ノルマンディーのサストの城館で過ごしていることが記録に残っているが、そのほかに目立ったものはない。よって、これらの博物標本はルドルフへの献上品の可能性の線が濃厚である。標本ラベルとカタログに残る〈Sr. Rais Hopeit〉についての情報は、調べた限りでは得られなかった。これらのサンゴ標本は、ウィーン農科大学へと移された主要なルドルフの個人コレクションからとり残され、おそらくまったく専門家がいなかったためその存在を忘れられ、今日まで保管されていたのかもしれない。

これがルドルフに献上されたものとすると、標本採集を目的に訪日した人物（博物学者や商人）でもなく、オーストリア帝国の国の関係者と考えられ、オーストリア帝国所有の船に乗船していた人物経由の標本と思われる。というのも、ヨーロッパのほとんどの自然史博物館に所蔵されている博物標本（とくにサンゴに関しては）のたぐいは、基本的に直接博物館および大学の所蔵となっているからである。ミュンヘン州立博物館、ベルリン・フンボルト大学博物館、フランクフルト・ゼンケンベルク博物館、ハンブルグ動物学博物館（以上ドイツ）、ベルン博物館（スイス）、大英自然史博物館、ケンブリッジ大学動物学博物館（以上イギリス）、ライデン自然史博物館、アムステルダム大学動物学博物館（以上オランダ）、コペンハーゲン大学博物館（デンマーク）、ウプサラ進化博物館（スウェーデン）、のすべてにおいて同様の日本産八放サンゴ標本で、王室または皇室の関係者に直接献上されているものは、これまで一度も発見されたことは

a.

b.

図 3-12

a.　明治天皇からフランツ・ヨーゼフ皇帝に贈られたタカアシガニの標本（1882 年）

b.　ウィーン自然史博物館メインホール。左下にタカアシガニ展示キャビネット

（筆者撮影 2012）

ない。

日本産のもので、帝室関係者に寄贈されたものとしては、明治天皇（一八六八〜一九一二）からフランツ・ヨーゼフ皇帝に対しての「タカアシガニ」（*Macrocheira kaempferi*）標本くらいしかない。これは現在、ウィーン自然史博物館のメインホールに展示されており、フランツ・ヨーゼフ一世と明治天皇のいわれの「プレート」（日本語とドイツ語）が飾ってある（**図3―12**）。これは東京湾からウィーンに一八八二年に来たということになっている。〝来た〟ということなので、東京湾で採集されたとはっきりとわかっているわけではない。なお、二〇一二年に自然史博物館で出版された本の解説によると、タカアシガニは日本のシンボルとなっており、そのため現在も日本人はタカアシガニをほとんど食べない、とある。[12] もちろん日本人は今も昔もタカアシガニを食べているが、ヨーロッパの多くの博物館で日本を代表する生物の一つとして「タカアシガニ」が展示されていることから、むこうでは特別な印象をうける生物のようである。

このような博物標本が「名入り」で献上される場合、それは初めからそのような調査目的があり、資金を皇室が提供している場合と、献上された皇室関係者（この場合は皇太子ルドルフ）がもともとそういった博物標本に興味がある場合の、二パターンが考えられる。前者には女王陛下の名のもとに行なわれたイギリスのチャレンジャー調査航海、後者には生物学者であった日本の「昭和天皇」があてはまる。

シーボルト献上説

では、どのような機会でどのような人がこのサンゴを採集して皇太子に献上したのだろうか――。

オーストリアと日本の最初の邂逅は、個人的なものと帝国国家的なものの二種類がある。個人的なものとしては、一六二五年に「平戸」に数週間滞在した貴族出身のクリストフ・カール・フェルンベルガー（Christoph Carl Fernberger）が最初という説がある。彼は神聖ローマ帝国皇帝の将校であったが、三〇年戦争に従軍し、オランダの戦争捕虜となり、逃亡の途中、なぜか東アジア方面に連れて行かれた人物である。また、和親通商航海条約の前には、一八六七年以来、日本に住んでいたオーストリアのライムント・シュティルフリート（Raimund Freiherr von Stillfried）男爵がいたことも知られている。[22]

一方、帝国国家的なものとしては、オーストリアはもともとはスペインのハプスブルク家を介して日本と関係を結んでいる。神聖ローマ皇帝（在位一五七六〜一六一二）ルドルフ二世（一五五二〜一六一二）は徳川家康（一五四三〜一六一六）から「武具」を贈呈されているという。[17] また、カール六世（ハプスブルク・神聖ローマ皇帝、在位一七一一〜一七四〇年、ハンガリー王、ボヘミア王、マリア・テレジアの父）統治下のオーストリア領ネーデルラントの「東インド会社」（一七二〇年設立）と、マリア・テレジアの晩年（在位一七四〇〜一七八〇）とヨーゼフ二世皇帝統治下のトリエステ人の「東インド会社」[22・4・3・26]がある。

前者のオーストリア領ネーデルラント（一七一四〜一七九〇、一七九九）は、現在のベルギーのほとんどとルクセンブルク、現在のベルギーのリュクサンブール州、ドイツのラインラント＝プファルツ州の一部の領域のことである。カール六世はスペイン系ハプスブルクに属していたネーデルラントとイタリアをオーストリアの領土とした。オーストリア領ネーデルラントは、一七九四年、オーストリアから離れフランスに併合されたが、一八一五年にナポレオン・ボナパルトが敗北したことにより「ネーデルラント連合王国」へ併合、一八三〇年に「ベルギー国家」として独立した。

オーストリア東インド会社は、そのオーストリア領ネーデルラント（現在のベルギー）のオストエンデにあった。[22] 一七二四年、カール六世は「国事詔書（プラグマティッシュ・ザンクツィオン）」という帝国法を発布して女系の王位の継承を規定した。[29・30] これにより女性であるマリア・テレジアの相続が可能となった。イギリスはこの政策を承認する条件としてオーストリア東インド会社の解散と引き換えにして、一七三一年に政策を承認したのである。つまりイギリスの戦略によってオーストリアの東インド会社は消えたのであった。

オーストリア領ネーデルラント「東インド会社」は消えたが、オランダの東インド会社は残っていた。オランダは、一六四八年にスペイン・ハプスブルク家の神聖ローマ・ドイツ帝国から独立しているが、その後も江戸期のあいだ、依然として数多くのドイツ人がオランダ東インド会社を経由して日本に達していたのである。[17] 日本で有名なフィリップ・フランツ・フォン・シーボルト男爵（Philipp Franz Balthasar von Siebold 一七九六～一八六六）もその一人である。シーボルトは植物学と医学を修めたのち、オランダ東インド会社（一七九九年オランダ東インド会社解散、一八一六年オランダ領インドネシア返還）に医師として雇われ、一八二三年夏から一八二九年末まで、オランダ人として日本（長崎出島、オランダ商館）にやってきている。

彼は、じつはオーストリアと非常に深い関係がある。シーボルトは神聖ローマ帝国（＝オーストリア）の司教領「ヴュルツブルク」（現在のドイツ）に生まれた。シーボルト家は、神聖ローマ帝国皇帝フランツ二世（オーストリア国王フランツ一世）から爵位を授かった貴族であった。日本には「オランダ人」と偽って入国しているため、オランダ人と誤解されていることが多い。シーボルトについてすこし詳しい人でも、

図 3-13　シーボルト採集日本産八放サンゴ標本
（RMNH1743, Leiden, Netherlands）. Pennatula fimbeata Herklot. 採集者の項に P. F. Von Siebold（シーボルト）の名前がある。正式な採集地情報は無い。（筆者撮影 2004）

出身地のヴュルツブルクが現在はドイツであるのでドイツ人と認識されている場合が多い。しかしながら、当時のヴュルツブルクは神聖ローマ帝国領、そして神聖ローマ帝国の皇帝はハプスブルク家が担っている時代であった。つまり、シーボルトがどこに所属しているかといえば、じつは神聖ローマ帝国・ハプスブルク家から爵位をもらっている以上、オーストリア帝国に所属しているというのが一番正しいのである。一方で、シーボルトを雇った「東インド会社」は、オーストリアの東インド会社ではなくオランダの東インド会社だったのである。

シーボルトの著作『日本』（日本、日本とその隣国及び保護国蝦夷南千島樺太、朝鮮琉球諸島記述記録集）はオランダのライデンから出版されるが、一八三二年にシーボルトはその著作の宣伝のためウィーンを訪れ、皇帝フランツ二世、宰相メッテルニヒなどの招宴に出席している。この際に、皇帝はシーボルト家の神聖ローマ帝国時代の旧爵位をオーストリア帝国の爵位に更新した。[23]じつは、シーボルトの一番の懸念事項は、神聖ローマ帝国時代に授かった爵位が、神聖ローマ帝国が終了したあとにも有効であるか、という点であったので、これはシーボルトにとっては最高の待遇であった。

一八二九年に日本追放になった際に、シーボルトは大量のコレクションを国外に持ち出した。生物標本は主にオランダの学際都市ライデン大学に所蔵されており、シーボルトが持ち帰った八放サンゴ標本は、学術的に調査された日本最初の「八放サンゴ」となった（図3―13）。しかしこれらの標本のラベルに、オランダ国王の名前が刻まれているわけではない。マリア・テレジアは、このライデン出身の医者でウィーン大学の植物学者ニコラウス・フォン・ジャカン（Nikolaus Joseph Freiherr von Jacquin 一七二七～一八一七）を世界各地に派遣して、熱帯・亜熱帯植物をウィーンに持ち帰らせようとし、ウィーンのシェーンブルン宮殿にオランダ庭園をつくらせている。[20] このシェーンブルン宮殿は、皇帝フランツ・ヨーゼフが生まれ、没し、フランス革命で断頭台の露と消えたフランス王妃マリー・アントワネットが少女時代をすごした場所である。

一方、シーボルトはオーストリアの帝国図書館には日本の稀覯本（現・オーストリア国立図書館所蔵）や絵画、古銭（現・美術史美術館所蔵）のコレクションを仲介した。[31] また「シーボルト商会」を組織して、日本産植物の輸入取引の先駆けとなり、[17] ウィーンのアマチュア造園家や植物学者に東アジアの植物の種をもたらした。

シーボルトの著作『日本植物誌』（一八三七年）のなかで、日本のシャクナゲの一種「ツクシシャクナゲ」（ツツジ科ツツジ属、筑紫石楠花）の学名に、宰相メッテルニヒ（学名〈*Rhododendron metternichii* Sieb. et Zucc〉ロードデンドロン・メテルニチイ）の名前を献名している。[23] ただし現在は、この名前は「ツクシシャクナゲ」〈*Rhododendron japonoheptamerum* Kitam. var. *japonoheptamerum*〉の「シノニム」（先に記載されていた種類のものと同種）とされている。[31]

シーボルトの標本のラベルに、現皇帝をとばして、皇太子の生まれる三〇年も前の標本が皇太子に献上され、皇帝ではなく皇太子の名前が記されるということは考えがたい。シーボルトの生物標本は「ライデン自然史博物館」に所蔵されているが、オランダ国王の名はなく、またシーボルトの名前がラベルにもカタログにもまったく記録されていないということもありえない（**図3―13**）。

――以上の点から、ルドルフ標本がシーボルト採集による可能性はきわめて低いといわざるをえない。

「ノヴァラ号」世界一周調査航海採集説

一八五三年（嘉永六）にアメリカのペリーが日本を米国船の捕鯨のために開国させたが、オーストリア海軍も一八五〇年代から「東アジア遠征」に関心があった。オーストリア帝国と日本は当時共同の隣国を持っていた。ロシアである。[22]よって、その後の「日露戦争」（一九〇四～一九〇五年）での日本の勝利はオーストリアにとって非常なる刺激となった。[23]しかし日露戦争以前のオーストリアは、フランツ・ヨーゼフの皇弟フェルディナント・マキシミリアン大公（Ferdinand Maximilian Joseph Maria 一八三二～一八六七）のメキシコでの射殺事件などで、その都度、東アジア遠征計画は延期を余儀なくされていた。オーストリアはほかの西欧列強に比べて、東アジア進出がはるかに遅れていたのである。

フリゲート艦「ノヴァラ号」（Novara）によって、一八五八～一八五九年にかけて行なわれた世界一周調査航海は、オーストリア帝国にとって最初の海洋分野での挑戦であり、オーストリア君主制下で行なわれた名のある「プロジェクト」であった。海洋学に関しては「海流」を調査するという目的をかかげ、測深調査は科学に寄与したことでとくに有名である。ウィーン科学アカデミーが調査航海を取り仕切り、ルドルフの教師をやった地質学者ホックステッターと、もうひとりの動物学者、ウィーン帝国自然史博物館のキュレーターであったフラウエンフェルト（Georg Ritter von Frauenfeld）が責任者であった。[38・39]「ノヴァラ号」は、二一〇七排水トン（displacement ton）、三五立方フィート（〈〇・九九〇五立方メートル〉の海水の重量、＝メートル法の一トン）であった。[40]

一八五七年四月三〇日、「ノヴァラ号」は前述のトリエステ港（現イタリア北東部にあるフリウリ＝ヴェネツィア・ジュリア州の州都）から出航した。五五一日間にわたる航海は、南アメリカ、アフリカ、インド、中国、オーストラリアをめぐるものであった。[38] この調査航海によるコレクションは、植物、動物（標本数二六〇〇〇）、民族学資料としてオーストリアの各博物館に所蔵されている。

成果としては、オーストリア科学アカデミーから『オーストリアフリゲート艦ノヴァラ号による世界一周旅行“The Austrian Frigate Novara's Journey around the World”』というタイトルで、一八六一から一八七六年にかけて「二一巻」にわたる出版物が発行された。ホックステッターによって、一七世紀に絶滅した三メートルの大型鳥類「モア」の骨格標本が初めて科学的に記載されたのも、この航海の成果であった。[38] フランツ・ヨーゼフの弟マクシミリアン大公が海軍将校としての人生を歩み始めたのもこのフリゲート艦「ノヴァラ」号からで、「メキシコ遠征」に行く前はオーストリア海軍の司令官だった。[20] ちなみにH・M・S・ノヴァラ号に関しては、二〇〇四年に二〇ユーロ「記念コイン」が発行されている。

このときの調査航海計画の段階では「日本行き」が予定に入っていた。一八五六年の地理学協会宛ての書簡では、「スマトラ、ボルネオ、セレベス、フィリッピン旅行を更に遠方に企て、フィリッピン群島から清国、日本まで旅行を延長すべきである。帝国の遠征隊は清帝国と日本に近づき易い一切の地点を出来るだけ広範囲に訪れた後で……を意図する」とノヴァラ号航海に乗船したシェルツァー（Karl von Scherzer 一八二一〜一九〇三）は書いているが、[22] 結局、日本海域には行かなかった。ノヴァラ号の指揮官だったヴュラーストルフ（Bernhard von Wüllerstorf）は、ノヴァラ号航海のあと、一八六〇年に「東亜遠征」の提案をしているが、[22] 日本での本格的な東亜遠征が行なわれるにはまだ「日墺和親条約」が締結される数年後を待たねばならなかった。したがって、標本の〝日本〟という記録を重視すると、「ルドルフ標本」がノヴァラ号航海で採集された可能性は非常に低い。

ルドルフ標本と直接の関係はないが、そのほかのオーストリアの船についても述べておこう。ノヴァラ号航海当時、皇室の船として有名なものとしては、皇妃エリザベートが好んで使用した豪華ヨット「ミラマール号」があった。ミラマールとは、トリエステの近郊にあったアドリア海の絶壁の上に建てられている「ミラマーレ城館」からとられている。この館はフランツ・ヨーゼフの弟のマクシミリアン大公が好んだ。[7]

また、一八六〇年一一月一七日にエリザベート皇后が、最初の長期転地療養としてマデイラ島へ行った際には、ヴィクトリア女王にイギリス王室の大型豪華ヨット「ヴィクトリア&アルバート号」を用立ててもらっている。当時オーストリア帝室には、冬の大西洋を乗り切れるほど頑丈なヨットがなかったため、イギリスからの申し出を受けている。[25] このあとも、長期航海のときはヴィクトリア女王の持ち船を改造した汽船「オズボーン号」を使った。

このときは、ウィーンを一一月一七日に発ち、ベルギーのアントウェルペンから船に乗って大西洋を南下し、マデイラ島の主都「フンシャル」をめざした。[25・27] マデイラからの帰途、皇妃はセビーリャ、ジブラルタル、マリョルカ（マジョルカ）に立ち寄り、地中海を東進してギリシア北西端のコルフ島（ギリシア語名ケルキラ島）に達した。コルフ島のガストゥーリの入り江には、ミラマール号を収容するために大理石の突堤が築かれた。[25] マデイラ島でマンドリンを弾く〝シシィ〟（エリザベート皇后）の写真（**図3―14**）には、ルドルフ標本と同じ仲間の「八放サンゴ」が写っている。これはルドルフの標本（日本・太平洋産）とは異なる大西洋産の種類であり、写真から実際に種を特定することは難しいが、おそらく漁船などで混獲されたものであろうと考えられ、水深が深いところのサンゴであると思う。

日本と「国交」を樹立――日墺条約の締結

一八六八年、二隻のオーストリア海軍のフリゲート艦「ドナウ号」とコルヴェット艦「フリードリヒ大公号」が、オーストリア領トリエステの港から初めての「東亜遠征」を目的として帆を上げた。当時の船は蒸気と帆を併用していた。[22・24] ウィーン―トリエステ間のオーストリア南部鉄道が一八五七年に完成していることから、[23] おそらくこの鉄道経由でトリエステに向かったのだろう。トリエステはアドリア海に面したハプスブルク帝国の重要な港湾都市であり、現在はイタリア海軍の基地となっており、一三八二年から第

図 3-14　ポルトガル、マデイラ島で女官（後列）及び姉ヘレーネ（前列）に囲まれるエリザベート（中央）。写真の下部に写っている樹状のものが、今回のルドルフ標本と同じ仲間八儀の燦鋸ウィーン市歴史博物館。ONB/Vienna Bildarchiv Pf 6639:E(16)

一次世界大戦後、オーストリア＝ハンガリー帝国が崩壊する一九二〇年までの約五四〇年間、オーストリア領であった。なお、このトリエステの名前を冠した有名なものとして、スイスで設計されたイタリアの潜水艇「トリエステ号」（Trieste）がある。地球上で最も深いマリアナ海溝深度約一〇九〇〇メートルの海底に達した最初の、そして二〇一二年までは唯一の有人記録を持つ潜水艇であった。

一八六九年九月、「ドナウ号」と「フリードリヒ大公号」は、喜望峰《きぼうほう》廻りのコースから特命公使の海軍大将アントン・フォン・ペッツ（Anton von Petz 一八一九～一八八五）を乗せて長崎に寄港し、一〇月一八日に東京で「和親通商航海条約」がオーストリア・日本間で締結された。海軍大将の職務指令としては、遠征の軍事的性格を厳重に抑え、商業上の利益を一番の目的とするというものであった[22・24]。明治天皇謁見の際に、オーストリア・ハンガリー帝国皇帝（フランツ・ヨーゼフ）からはベーゼンドルファー社のグランドピアノ、オーストリア皇帝の大理石の立像、クリスタル・グラスの花瓶、ハンガリー製の馬具、オーストリア＝ハンガリー帝国のコインと写真集が贈られ[22・24]、明治天皇からは返礼として、漆器、古い青銅器と、太刀一振り[22]、木版画と陶磁器を贈られた[24]。スエズ運河が開通したのはこの年（一八六九年）のことであり、「日墺条約」の調印を終えた一行は、帰路、完成したばかりのスエズ運河を経由してオーストリアに帰っている[22]。

もともとトリエステからエジプトのアレキサンドリアまで頻繁に往復していたオーストリアは、オーストリア＝ハンガリー帝国の「東洋航路」の絶世期を迎え、オーストリアの製品を輸出する市場として〝東洋〟へ使節を派遣するのに意欲的であった[24]。

交渉団の中にはオーストリア・ハンガリー帝国極東調査団（一八六八～一八七一年）が含まれており[23]、第一事務官兼商業学術係長の商務省カール・フォン・シェルツァーと、彼をサポートする経済関係の資料や、博物館用の品を収集する任務の専門家七名がいた。[22・24] 調査団は日本で芸術作品収集しており、現在「オーストリア応用美術博物館」に所蔵されている。

この博物館の通信員として働いたのが、前述したフィリップ・フランツ・フォン・シーボルト（**図3―15**）の二人の息子で、二人の仲介により日本の万博展示品（一八七三年）とオーストリアの芸術作品を交換したり、展示品を購入したりしている。[23] 長兄アレクサンダー・フォン・シーボルト（Alexander George Gustav von Siebold 一八四六～一九一一、**【図3―16】**）はすでに日本におり、外務省の顧問として一八六七年から六八年にかけて幕府派遣の使節団とともに滞欧し、この和親通商航海条約交渉の際にも日本側からオーストリア使節の上陸に同行している。またこの際の「天皇謁見」の際に、オーストリア使節のドイツ語を明治天皇に通訳したのもアレクサンダーであった。このときの日本との条約交渉の際へのオーストリア皇

図 3-15　フィリップ・フランツ・シーボルトと長男アレクサンダー・シーボルト。日本で撮影された写真によりJ.H. ホフマイスター石版画、ヤン・ダムステーエルヴァルト石版印刷。フィーリプ・フランツ・フォン・シーボルト「日本からの公開状」[出島 1861 年]（シーボルト父子伝、第 20 図引用）

図 3-16　アレクサンダー・フォン・シーボルト男爵 (1846-1911)。（シーボルト父子伝　第 36 図引用）

帝からアレクサンダーへの感謝の文書が残っている。[22] またアレクサンダーは、一八七一年に大蔵省の代表として、フランクフルトで最初の銀行券の印刷に立ち会っている。[18] アレクサンダーはまた、英国公使館通訳としても勤務していた。[22]

一方、次男ハインリヒ・フォン・シーボルト（Heinrich von Siebold 一八五二〜一九〇八）は兄アレクサンダーのあとを追って一八六九年に来日し、一八七二年からはオーストリア・ハンガリー帝国日本代表部に臨時通訳見習いとして雇われ、「日墺修好通商条約」の批准交渉の際に通訳をつとめた。その後、同公使館の通訳官となる。[22・18]

このときの「日墺条約」は、西欧諸国にとって非常に有利で、一方、日本にとっては最悪の条件の条約で、「不平等条約」と呼ばれている。オーストリアの名誉のために付け加えると、この条約は大英帝国公使ハリー・パークス（Sir Harry Smith Parkes 一八二八〜一八八五）が条約の後ろ盾となり、オーストリアが列強の利点確保に忠実になるよう推進した。これは、本来オーストリア側の意図したことではなかったという。オーストリア国自身の官吏が日本に赴任してくるまでは、英国の領事館員がオーストリア領事の職務を代行するという協定がこの英国公使・パークスと結ばれた。[22]

この年は、オーストリアによる「北極調査航海」（一八六九〜一八七四年）も行なわれているが、実際に国交が樹立され、公式の来日が行なわれるようになったこの年代から、日本産標本が採集され始めていると考えるのがもっとも妥当と思われる。

一方、明治政府のほうも、近代国家建設のためにお雇い外国人をつぎつぎと招聘した。オーストリアからは主に医学系と音楽系が招聘された。一八七二年からウィーンの医者、F・A・ヨンケル・フォン・ランゲッグ博士（Ferdinand Adalbert（Ethelbert）Junker von Langegg 一八二八～一九〇一）の指導により「京都府立医科大学」が創立され、彼みずから教鞭をとった。またウィーン大学で医学を学び、オーストリア・ハンガリー公使館付医官として来日したアルブレヒト・フォン・ローレッツ博士（Albrecht Von Roretz 一八四六～一八八四）も、一八七六年「愛知県公立医学校」（現名古屋大学医学部）、一八八〇年「石川県立金沢医学校」（現金沢大学医学部）、山形県の「済生館」で教鞭をとっている。[24] 彼らは自然科学の分野でも標本採集を行なった可能性もあるが、博物館に残されている八放サンゴ標本に、彼らの名前は残っていない。もし標本があれば、名前が残されているのが一般的である。

ウィーン万国博覧会出品説

ウィーンと日本の関係が一気に近づいたのは、一八七三年の「ウィーン万国博覧会」（一八七三年五～一一月）である。年代的にもルドルフ標本の一八七五年と合致する。

一八七二年一月二日、当時のオーストリア駐日公使ハインリヒ・フォン・カリーツェ（Heinrich Freiherr von Calice）が「ファザーナ号」により訪日しており、フランツ・ヨーゼフ皇帝から明治天皇への日本の万博参加を希望する「親書」を渡している。このときの万博日本委員団は、オーストリア使節団と逆の経路をたどり、トリエステで船を降りてウィーンにやってきている。万博の日本部門のシンボルとなったのは名古屋城の「金の鯱」であった。

万博をオーストリアから日本への貿易をさらに活性化させる機会として、ウィーンの商人は「東洋ならびに極東委員会」を設立した。この委員会は一八七四年に、正式に「東洋貿易経済会社」となり、「東方（東洋？）博物館」を設立した。[23] この万博では、フランツ・ヨーゼフ皇帝とエリザベート皇后も、五月五日にプラーターの「日本庭園」に行幸している。[22]

このウィーン万博の年の夏には岩倉具視をはじめとする「岩倉使節団」（一八七一〜一八七三年）もウィーンを訪れていた。[24] このとき、フィリップ・シーボルトの次男ハインリヒは、ウィーン万国博覧会準備委員会に日本政府の連絡員として起用されており、万博の間ウィーンに滞在した。長男アレクサンダーは岩倉使節団とウィーンの日本公使館に勤務していた。[22]

博覧会で展示された出品物の大半を日本政府が売買するのにあたって二人は尽力した。アレクサンダーは一八六九年から、ハインリヒは一八七二年からオーストリア美術館および産業博物館（österr. Museum für Kunst und Industrie 現在の国立工芸美術館 Museum für angewandte Kunst Wien）の特派員であったので、主な展示物を譲渡されている。また前述のウィーン東洋博物館（Orientalisches Museum）も主な展示物を譲渡された。ハインリヒはまた、ウィーン万博の際にライプツィヒ民族学博物館（Museum für Völkerkunde, Leipzig）の特派員でもあったため、この博物館も展示物を購入できた。[18] この万博のあと、ハインリヒは一八七四年に日本に戻り、公使館付きの員外通訳官を務めた。一八八七年から一八八九年まで、ウィーンの外務大臣あての報告を担当し、一八九一年から一八九四年まで臨時総領事代理であった。[22] ハインリヒは、一八八九年に日本コレクション五二〇〇点を、ウィーンの帝室ならびに王室の自然科学博物館に寄贈し、見返りにオーストリアの男爵位を得ている。[11]

可能性の高い「日本遠征隊」採集説

一八七三年（明治六）にはオーストリア＝ハンガリーによる「日本遠征隊」がふたたび行なわれ、同年六月に長崎に到着した。これは主として商業上の目的であったが、実際上の仕事と目標には学問上の課題もあった。その際、ハンガリーのヨーハン・クサントゥス（Johan Xanthus）とランゾネー男爵（Baron Eugen Freiherr von Ransonnet 一八三八〜一九一六）は動物学と民族学の研究を引き受けている。クサントゥスはハンガリー・ペシュトの国立博物館のための博物学のコレクションも請け負っていたが[22]、この時期にルドルフへのサンゴ標本が採集された可能性はとても高い。ランゾネー男爵は【図3―17】のような水中ベルを設計して、一八六四年から一八六五年にセイロン（現スリランカ）で、直接水中のスケッチをした人物である。ランゾネー男爵による日本産八放サンゴ標本もウィーン自然史博物館に所蔵されている。

「日本遠征隊」にはそのほかにも、ハンガリーのブダとペストの間を結んだ初めての橋である「セーチェニィ鎖橋」に名を残す貴族イシュトヴァーン・セーチェニィの息子ベラ・セーチェニィ伯爵（Széchenyi Béla István Mária 一八三七〜一九一八）とオーストリア＝ハンガリー帝国陸軍中尉グスタフ・クライトナー（Gustav Kreitner 一八四七〜一八九三）がおり、長崎到着後二人は神戸、有馬温泉、大阪、京都、富士山、東京まで同行し、セーチェニィは日光、京都、クライトナーは北海道、室蘭、札幌、小樽へと旅立っている[22]。

そのほか一八七四年（明治七）と一八七五年には、コルヴェット艦「フリードリヒ大公号」が世界周航の途次、横浜に投錨している。艦長はトービアス・フォン・エースターライヒャー海軍大佐（Tobias von Österreicher 一八三一～一八九三）である。彼は横浜で金星の太陽面通過を観測しようと思ったのであった。[22] 一行中の砲台指揮官の海軍少佐ヨーゼフ・フォン・レーネルト（Josef ritter von Lehnert 一八四一～一八九六）は、明治天皇に拝謁するため浜離宮を訪れ、「見聞録」を残している[17・22]（Josef ritter von Lehnert 1878 Um die Erde. Reiseskizzen von der Erdumseglung mit G. M. Corvette "Erzher zog Friedrich" in den Jahren 1874, 1875 und 1876. wien, Alfred Hölden)。この船も時期的にルドルフ標本を採集した時期と重なるが、もともと学術目的ではない航海で、自然科学系の調査目的の学者が乗船している可能性は低いと思われる。

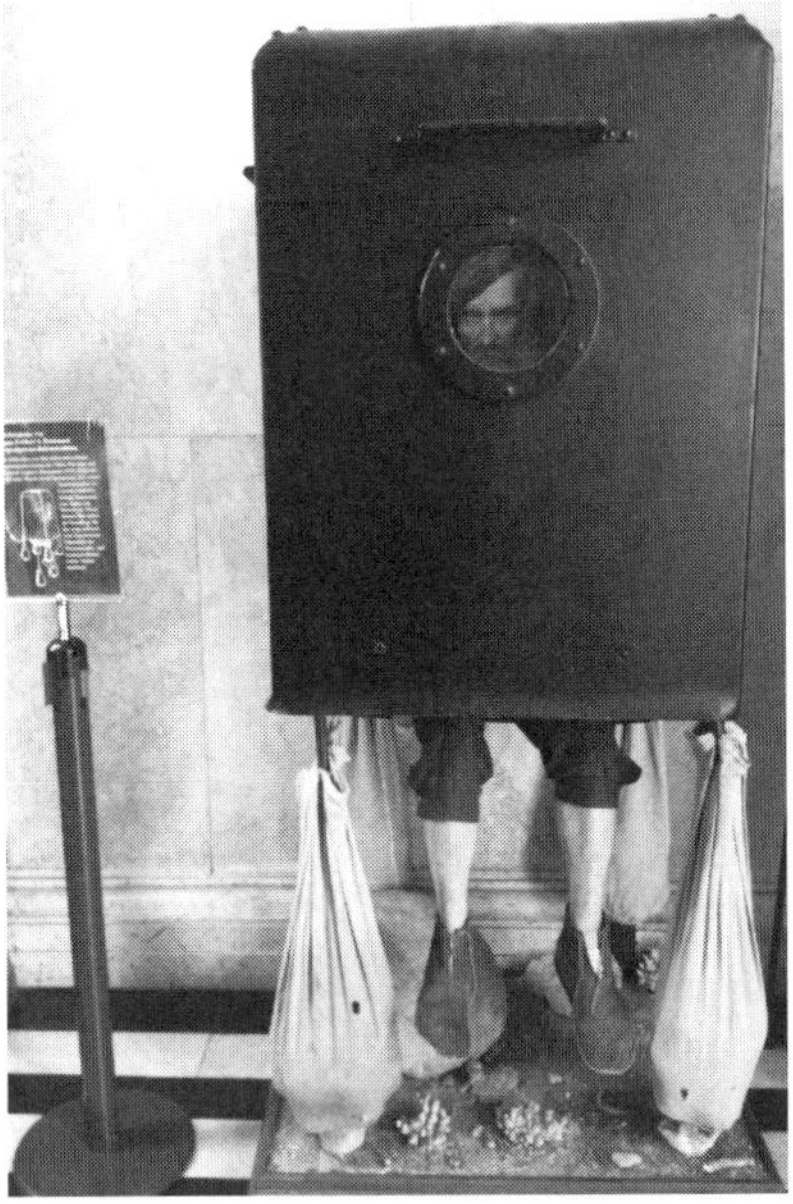

図 3-17　ランゾネー男爵の水中ベルの復元。1864/1865 年に世界で初めて水中でスケッチをした人物として有名である。ウィーン自然史博物館（筆者撮影 2012）

じつは、ウィーン自然史博物館にはルドルフのほかにも「ドラーシェ」（Drasche）という人物によって採集された標本が三点ある。

NHMW2435（A. N. 1822）

Euplexaura curvata Kükenthal, TYPE;

NHMW2426（A. N. 1817）

Melitodes flabbellifera Kükenthal, TYPE;

NHMW8047

Acabaria japonica

Enoshima. Geschenk des Freiherrn Dr. Richard v. Drasche.

この三種はどれも相模湾の水深〇～数十メートルの浅海で最も一般的に採集される八放サンゴ類であり、当時の非専門家にも容易に入手可能なものである。〈NHMW8047〉は「江の島」の地名があるが、現在でもその付近で生息しているのを見ることができる。

「ドラーシェ」の名前は、じつはヨーロッパの博物館に所蔵されている日本の八放サンゴ類の標本採集者としてしばしば見かけるリヒャルト・フォン・ドラーシェ・ヴァルティンベルク（Richard von Drasche Wartinberg 一八五〇～一九二三）男爵のことであり、有名な学者と工業家一門の出身である。彼は、一八七五年から一八七六年にかけて行なわれた極東研究の旅の途上で、日本の首府（東京）を調査した。帰国後ドラーシェは、収集品を自然誌宮廷博物館に寄贈した。ドラーシェは、前述の医師アルブレヒト・フォン・ローレッツ博士と研究旅行をしている。ローレッツ博士は名古屋に解剖学と法医学の施設を創立し、まる四年間名古屋に滞在した。ローレッツ博士の弟子の日本人医師に後藤新平《ごとうしんぺい》がいる。[*22]

ドラーシェの調査・採集の方向性は、まさにルドルフ標本と一致している。しかしながら、ウィーン自然史博物館においてもほかのヨーロッパの博物館においても、ドラーシェ標本はドラーシェが採集者として標本ラベルかカタログ（台帳）に記録されて、はっきりと判別可能であることが普通であり、標本も今回のルドルフ標本とは異なり、しっかりと整理されていることが多い。したがって、「ルドルフ標本」は、ほぼ未整理であったことと、ドラーシェの名が残されていないことから、ドラーシェの採集によるものではないと思われる。

これまで一八七五年にいたるいくつもの日本における採集調査をあげてきたが、もっともありうるものが、一八七三年のオーストリア＝ハンガリー日本遠征隊の調査である。担当したヨーハン・クサントゥスとランゾネー男爵の名はルドルフ標本のラベルおよびカタログには残されていないが、同時に複数の生物標本が採集され、未整理のまま現在まで保管されていたのではないだろうか。しかし明らかな証拠は、今回の資料からはみつけられなかった。

ルドルフ標本の写真とラベルは**［図3―5］**にあるが、これらの種類は基本的に相模湾以北で採集されるものではない。つまり、横浜、東京、伊豆近辺で採集されたものではないと考えられる。二〇一四年のオランダ・ライデンにおける「ルドルフ標本」の再調査により、ルドルフの標本のうち〈NHMW8132〉（A.N.1076）**（図3―5b）**は〈*Gorgonia veutalina*〉という「カリブ海」の種類であることが判明した。つまり、ルドルフ標本のうちの一つは、少なくとも日本から出港または日本へと回航中に「カリブ海」で採集されたということになる。もう一つの〈NHMW8108〉（A.N.1076）**（図3―5a）**に関しては、日本に同じ仲間はいることになっているが、はっきりとしたことはまだわからない、というところであり、謎は深まるばかりである。

〈編集部註〉

＊後藤新平　一八五七〜一九二九。陸奥仙台藩水沢の出身。須賀川医学校卒。愛知県立病院長を経て内務省に入る。衛生局長ののち一八九八年台湾総督府民生局長となり、一九〇六年初代満鉄総裁として植民地経営に手腕をふるう。また逓相（一九〇八）・外相（一九一八）・東京市長（一九二〇〜一九二三）などを歴任、関東大震災（一九二三）や対ソ外交に尽力した。

その後のオーストリア海軍と日本の交流

ルドルフの標本の採集および記録の一八七五年以降も、オーストリアは日本と関係を持ち続けた。

一八七七年、アメリカ人の動物学者、かつ東京大学法理文学部生物学科教授のお雇い外国人エドワード・シルベスター・モース（Edward Sylvester Morse 一八三八〜一九二五）が、横浜から品川に向かう列車の左側の窓から「大森貝塚」を発見した。同年一〇月九日、モースは約二五〇〇年前の縄文後期・晩期の大森貝塚の発掘を大規模に開始し、一八七九年（明治一二年）、「Shell Mounds of Omori（Memoirs of the Science Department, University of Tokio Japan, Volume1, Part1）」および「大森介墟古物編」（東京大学法理文学部印行「理科会粋第一帙上冊」）でその成果を発表した。

実はモースが発見したのと同じ一八七七年、フィリップ・フランツ・フォン・シーボルトの次男、ハインリヒ・フォン・シーボルト（通称・小シーボルト、前出。**［図3―18］**）が同大森貝塚の発掘に着手していた。ハインリヒは、実際には日本語を習得していたとはいえ、漢字は読めず、翻訳者としては〝いまいち〟で

図 3-18　ハインリヒ・フォン・シーボルト男爵 (1852-1908)。1897 年、ズィーボルト文庫所蔵。（シーボルト父子伝　第 42 図引用）

あったという説もある。[18] 彼は大学教育を受けておらず、それを補うため日本のコレクションを代償にコペンハーゲン国立博物館館長イェンス・J・ヴォルセー（Jens Jacob A. Worsaae）に教えを乞うたり、ベルリン国立先史学博物館やウィーン民族学博物館にも贈ったりしていた。ハインリヒが発掘につとめた貝塚は七カ所あり、うち二カ所は当時のお雇い外国人のドイツの地質学者ナウマン*（ナウマン象に名前を残す）が発見し、ハインリヒによるとハインリヒに「任せた」ものであったという。[18]

ハインリヒは、休暇などを利用してモースよりも多くの貝塚を発掘し、北海道アイヌの調査なども行なっていたが、それは前述の「日本遠征隊」のクライトナーの北海道旅行に同行した休暇によるものであった。[22] 論文も自費出版していたが、学説としては父シーボルトの見解を受け継いだものであった。モースはハインリヒ論文の意義を考古学的に高く評価したものの、学問的な訓練を受けていないことから、「論文」としての論理構造や体裁に不備および欠陥があることを指摘している。[11] 実際ハインリヒの残した論文は、紀行文としてはともかく、論文としては稚拙な出来といわざるを得ない。結局は専門知識を持ち、本業で研究を行ったモースと異なり、学問を完遂することはなかった。[17・18]

前述したとおり、一八六九年、オーストリア＝ハンガリー帝国と明治政府は「修好通商条約」を結んだが、オーストリア＝ハンガリー帝国は日本にとって最後の条約締結国であると同時に、最悪の「不平等条約」を結んだ相手となった。ハインリヒは、一八六九年（明治二年）に締結された不平等条約の改正のための条約改正会議（一八八六年、明治一九年）ではオーストリアの顧問と通訳の二役で出席し、兄のアレクサンダーが日本代表団の一員として外務大臣*井上馨《いのうえかおる》の顧問をつとめた。[17]

また、一八七九年（明治一二）から一八八一年までの二年間、東京帝國大学医学部でお雇い外国人講師をつとめたドイツの動物学者、ルートヴィッヒ・デーデルライン（Ludwig Heinrich Philip Döderlein 一八五五〜一九三六）がいる（のちシュトラスブルク大学およびミュンヘン大学教授をつとめた）。彼は一八八〇年（明治一三年）に「奄美」を採集調査旅行に訪れ、そのレポートをＯＡＧ（ドイツ東アジア協会）の機関誌『Mitteilungen der Deutschen Gesellschaft für Natur-und Vökerkunde Ostasiens. Bd. 3,Nr. 23, 1881』およびドイツ・シュトゥットガルトの『Das Ausland Bd.54,Nr.27』に発表している。[17]また磯野直秀氏によってデーデルラインの「日本の動物相の研究／江ノ島と相模湾」が全訳されている。[6]このデーデルラインの学術調査は日本の海産無脊椎動物相を広く網羅した初めてのものであり、八放サンゴ類に関してはシュトラスブール大学博物館（フランス）、ベルリン・フンボルト博物館（ドイツ）などに所蔵されている。ウィーンにはデーデルラインのサンゴ標本は見つからないが、魚類標本は多く所蔵されている。[1]

さらには、一八八五年（明治一八年）、オーストリア国防大臣マックス・ダウブレスキー・フォン・シュテルネック提督がオーストリア＝ハンガリー帝国海軍の定期的な東アジア海域派遣を開始している。[17]シュテルネック提督本人は日本旅行に行くことはできなかったが、彼の指揮下の艦船が海外の海岸で商業上の研究航海を行なうことにより、オーストリアの海外貿易を援助した。[22]一八八五年から一八八六年にかけて、軍艦のバークスクーナー船「ナウティルス号」がアジアに派遣され、三カ月以上日本に滞在した。つづいて一八八七年には、「アウローラ号」が函館から宮古経由で横浜まで航海した。これらの船のいくつかは、動物学、植物学、民族学の資料を集め、それらはウィーンの自然誌博物館に所蔵された。[22]

〈編集部註〉
＊ナウマン　一八五四〜一九二七。ドイツ・マイセン生まれ。ミュンヘン大学に学ぶ。一八七五年来日。東京帝國大学で日本の地質学育成に貢献。地質調査所の設立を建議。初めて日本の地質系統を整理し地質構造区分を行なう。「フォッサマグナ」を命名。
＊井上馨　一八三五〜一九一五。通称門多。号は世外。長州藩士。討幕運動に参加、維新後政府の中心人物の一人となり、要職を歴任。外相となり不平等条約の改正を試みるが鹿鳴館時代を現出して挫折。財政・経済にも力をふるい、とくに三井との関係が深く「三井の番頭」ともいわれた。伊藤博文の盟友。

帝位継承者・フェルディナント大公の来航

浜離宮（もと甲府徳川綱重の別邸）が「延遼館」となってから最初の貴賓のひとりに、レオポルト・フェルディナント大公がいる。彼は海軍士官候補生として、一八八七年（明治二〇年）、東アジアを目指してポーラ（クロアチアの都市、元オーストリア＝ハンガリー帝国の軍港）を出航したコルヴェット艦「ファザーナ号」で軍務をつとめた。ファザーナ号は、まだ開港されてはいなかった沖縄の那覇港に入港し、一八八八年（明治二一年）に士官を上陸させている。レオポルト・フェルディナントは一八八八年（明治二一年）に横浜に上陸し、浜離宮内の「延遼館」で歓待された。このときの「延遼館」での記録にも、小シーボルト（ハインリヒ・フォン・シーボルト）が同席している。[17・22]

図3-19　エリザベート皇后号 (Kreuzer Kaiserin Elisabeth)
ウィーン自然史博物館（筆者撮影 2012）

一八八九年の皇太子ルドルフの死後、オーストリアの帝位継承者となったフランツ・フェルディナント大公（一八六三～一九一四）が、一八九三年（明治二六年）に世界一周旅行の途上で、戦艦「エリザベート皇后号」で日本を訪問している[20・24・17]。――ちなみに、一八九二年から一八九三年の水雷巡洋艦「エリザベート皇后号」によるフランツ・フェルディナント大公の日本を含む東アジア各海域の巡航は、海軍に対し洋上航海訓練の機会を多く与え、海洋研究の契機にしたいとフランツ・ヨーゼフ皇帝が考えたからであると、述べている[8]。さらなる目的として、皇帝には遠洋派遣を機に「君主制」を不動のものとし、商業政策上の権益獲得を有利に推し進めたいという思いがあった[8]とフェルディナントは記している。船の名称はもちろん、皇妃「エリザベート」にちなんでいる（図3―19）。

フェルディナント大公は、トリエステ（当時オーストリア＝ハンガリー帝国領。現イタリア北東部の港湾都市）から出航し、スエズ運河から紅海に抜け、セイロン（現スリランカ）に向かい、さらにインドからオーストラリア、ソロモン諸島、ニューギニア、ボルネオ、香港、広東を経由して、最後に日本に寄港した[17・8]。このと

図3-20　皇太子フェルディナント（中央）とハインリヒ・フォン・シーボルト（向かって右側）。フェルディナント 1895/96 オーストリア皇太子の日本日記—明治 26 年夏の記録 (2005 講談社学術文庫) より引用

き、ウィーン自然史博物館学芸員助手の男爵ルートヴィヒ・ロレンツ・フォン・リブルナウ博士、剥製製作者エドゥアルト・ホデク、おかかえ猟師フランツ・ヤナーチェクが参加している。[8] ただし、サンゴ類の標本はウィーン自然史博物館には存在しておらず、海産生物の採集は行なわなかったのではないかと思われる。

一八九三年（明治二六年）八月二日、フランツ・フェルディナント一行を乗せた戦艦「エリザベート皇后号」が長崎に来航。フェルディナント大公らは熊本の三角港（「第四章」参照）経由で、三週間日本に滞在（一回目の日本寄港）した。[20・17]

長崎入港時には、港内に日本の護衛艦が停泊し、旗艦「厳島」「松島」「高雄」「高千穂」「開聞」「葛城」「八重山」がこれを出迎えた。これら日本艦は最新鋭の構造と船舶技術と砲備を持つものであった。[8] 当時の日本は、総トン数五五〇五三、総馬力七九六九四、大砲総数四三九門、総兵員数六八一五名を擁する軍艦五五隻を持っていた。[8] 当時の日本海軍に関して、日本は海軍の形成を周到に意図しており、海軍兵学校はめざましい成果をあげていると、フェルディナントは感想を述べている。[8]

八月二三日、横浜に到着。横浜ではハインリヒ・フォン・シーボルト男爵（当時オーストリア＝ハンガリー帝国の横浜領事代理）が同行した[8]（図3―20）。八月二五日まで浜離宮に滞在したが、この期間中、再度ハインリヒが案内役をし、東京・上野に行き、遊興したという。[8・16・18] 滞在中、収集に熱狂したオーストリア大公（フェルディナント）が贈り物や購入した物品は、民族学上の資料一八〇〇〇、自然科学上の資料一四〇〇〇、計約三二〇〇〇点もおよび、現在のウィーン民族博物館の日本部門のほとんどの所蔵品となっている。これらは、ウィーン自然史博物館の学芸員助手フォン・リブルナウ博士により整理され、オーストリア帰還後、一八九四年（明治二七年）にウィーン・ベルヴェデーレ宮殿で一八〇〇〇点ほどが展覧会で一般公開された。[24・8]

九月一六日、横須賀から横浜に帰港。九月末、横浜を発ちオーストリアに帰還。フランツ・フェルディナント大公はカナダの蒸気客船「エンプレス・オブ・チャイナ号（RMS Empress of China）」（中国の皇后）で太平洋を横断し、バンクーバーとニューヨークへ向かい、一〇月にウィーンに帰国した。

ハプスブルク帝国の崩壊とともに

その後、個人の来日記録としては、ウィーンの裕福な大工場経営者の息子、アドルフ・フィッシャー（一八五六～一九一四）が美術品を収集するために生涯に二度から三度[9][24]訪日し、その収集品をもとに一九一三年「ケルン東洋美術館」が設立されている。一回目は一八九二年（明治二五年）、二回目は日清戦争の一八九四から一八九五年であった。[2] また、来日はしていないが、グスタフ・クリムト*（一八六二～一九一八）も日本ブームの中心となり、日本をテーマとした美術展を一九〇〇年に開いている。[24]

「エリザベート皇后号」はその後も一八九九年六月から八月にかけて東アジアへ歴訪し、日本に寄港しており、さらに日本へ親善航海として横浜開港五〇周年記念祝典（一九〇九年、明治四二）に参列している。この船はその名をもらった「エリザベート」のとおり、数奇な運命をたどる。一九一四年にサラエボでフェルディナント大公が暗殺され、第一次大戦が勃発した際、「エリザベート皇后号」はドイツの租借地であった「青島」へ行き、防衛戦に参加、最後は自沈した。乗組員は戦争捕虜として日本に送られた。[17・8]

二〇世紀初頭、ハプスブルク帝国は亡び、その後オーストリアが日本方面で海洋学術研究の目的で調査等を行なった記録はない。

前述のお雇い外国人医師アルブレヒト・フォン・ローレッツ博士の弟子、後藤新平は後年、以下のように語っている。

「初めて目にした軍艦はオーストリア海軍の軍艦だった。当時、日本には一隻の軍艦もなかった。しかし今オーストリアは、一隻の軍艦ももっていない」[23]

日本は周囲を海に囲まれ、すべての国境が海にあることもあり、その後も海軍や海上保安庁などが現在も続いている。一方、オーストリアは第一次世界大戦での敗戦とともに、海に面した領土もハプスブルク帝国も失った。オーストリアの海への挑戦の歴史は、現在ウィーンの自然史博物館に眠っているのみである。

〈編集部註〉

＊グスタフ・クリムト　一八六二〜一九一八。オーストリアの画家。ウィーン生まれ。一八九七年ウィーン・ゼツェッシオンを結成、オーストリアのユーゲントシュティール（アール・ヌーボー）の中心的存在となる。金箔をもちいた『接吻』（ウィーン、美術史博物館蔵）をはじめとする作品には、世紀末ウィーンの甘美な雰囲気と崩壊の予感が濃くたちこめている。

引用文献

〔1〕尼岡邦夫二〇〇七「欧州に渡ったデーデルライン・コレクション1　魚類」（国立科学博物館編「相模湾動物誌」東海大学出版会 p.28-37.

〔2〕安藤勉　二〇〇一「明治日本印象記」訳者あとがき（二）金森誠也・安藤勉訳　アドルフ・フィッシャー　一八九七「明治日本印象記」講談社　p.448-455

〔3〕Bayer von Bayersburg, Heinrich 1958 Die k. u. k. Kriegsmarine auf weiter Fahrt, Wien.

〔4〕Benedikt,Heinrich 1965 Als Belgien österreichisch war, Wien-München.

〔5〕クレマン・カトリーヌ　一九九二「知の再発見」塚本哲也監修　双書65「皇妃エリザベート　ハプスブルクの美神」一九九七　創元社 pp.190（Clement, Catherine1992. Sissi L'imperatrice anarchiste. Copyright Gallimard 1992, Japanese translation rights arranged with Editrion Gallimard through Motovun Co. Ltd.）

〔6〕デーデルライン、L・H・P　一八八三「日本の動物相の研究／江ノ島と相模湾」（磯野直秀訳　一九八八『慶應義塾大学日吉紀要・自然科学』(4): 72-85. (Döderlein, Ludwig 1883 Fauna of Japan：Enoshima and Sagami Bay)

〔7〕江村洋　一九九四　フランツ・ヨーゼフ　ハプスブルク「最後」の皇帝　東京書籍 413+v

〔8〕フェルディナント・フランツ　一八九五／一八九六「オーストリア皇太子の日本日記　明治26年夏の記録」安藤勉訳　二〇〇五　講談社　pp.237（Ferdinand,Franz 1895/96 Erzherzog von österreich-Este：Tagebuc meiner Reise um die Erde. 1892-1893.2 Bde. Wien：Alfred Hölder 1895/96.）

〔9〕フィッシャー・アドルフ　一八九七「明治日本印象記」金森誠也・安藤勉訳　二〇〇一　講談社　pp.455（Fischer,Adolf 1897　Bilder aus Japan.Verlag von Georg Bondi,Berlin`）

〔10〕Hamann,Brigitte 1979 kronprinz Rudolf　Private und politische Schriften. Amalthea-Verlag,Wien, München.

〔11〕原田信男　一九九六「ハインリッヒ・フォン・シーボルトと北海道」P.267-296.（シーボルト・H・V　一八八一「小シーボルト蝦夷見聞記」原田信男、H・スパンシチ、J・クライナー訳注　一九九六　平凡社）

〔12〕Iris Ott. Brigitta Schmid,Reinhard Golebiowski, Christian Köberl. 2012. "NHM TOP 100."Edition Lammerhuber, Verlag des

Naturhistorischen Museums,Vienna. pp.232.

〔13〕加藤雅彦　一九九五「図説　ハプスブルク帝国」河出書房新社　pp.131

〔14〕コーン・ハンス　一九六一「ハプスブルク帝国史入門　The Habsburg Empire 1804-1918」稲野強・小沢弘明・柴宜弘・南塚信吾共訳　一九八二　恒文社　pp.293+34（Kohn,Hans 1961 The Habsburg Empire 1804-1918. NewYork/Toronto/London/Melbourne.）

〔15〕ケルナー・ハンス一九六七「シーボルト父子伝」竹内精一訳　一九七四　創造社 pp.277 (Dr. Hans Körner: Die Würzburger Siebold. Eine Gelehrtenfamilie des 18. und 19. Jahrhunderts. Leipzig, Johann Ambrosius Barth Verlag, 1967. S. 356-557. (Lebensdarstellungen deutscher Naturforscher, hrsg. von der Deutschen Akademie der Naturforscher Leopoldina durch Rudolph Zaunick. Nr. 13)

〔16〕Körner, Hans 1967 Die Würzburger Siebold. Eine Gelehrtenfamilie des 18. und 19. Jahrhunderts, Deutsches Familienarchiv vol. 34/35 = Quellen und Beiträge zur Geschichte der Universität Würzburg vol.3; Neustadt/Aisch.

〔17〕クライナー・ヨーゼフ　一九九六ａ「江戸・東京の中のドイツ」安藤勉訳　二〇〇三　講談社東京（Kreiner, Josef 1996"Deutsche Spaziergänge in Tokyo." IUDICIUM Verlag GmbH,München.）

〔18〕クライナー・ヨーゼフ　一九九六ｂ「ハインリッヒ・フォン・シーボルト――日本考古学・民族文化起源論の学史から」p.227-265.（シーボルト・Ｈ・Ｖ　一八八一「小シーボルト蝦夷見聞記」原田信男、Ｈ・スパンシチ、Ｊ・クライナー訳注　一九九六　平凡社　pp.299）

〔19〕Kronprinz Rudolf von österreich. 2005 Zu Tempeln und Pyramiden. Meine Orientreise 1881. Edition Erdmann GmbH, Lenningen

〔20〕マルクス・ゲオルク　一九八七「ハプスブルク夜話　古き良きウィーン」江村洋訳　一九九二　河出書房新社　pp.293（Markus, Georg 1987：G'schichten aus Osterreich. Copyrights：Amalthea Verlag Ges.m.b.h.,Wien/München.The Japanese translation rights arranged With Buchverlage Ullstein Langen Mueller, Muenchen,Germany through ORION LITERARY AGENCY,Tokyo.）

〔21〕マルクス・ゲオルク　一九九三「うたかたの恋と墓泥棒」浅見光康　一九九七　青山出版社　pp.268（Markus, Georg 1993 Kriminalfall Mayerling. Leben und Sterben der Mary Vetsera. 1993 Amalthea Verlag Ges.m. b. H ,Wien, München. Japanese translation rights arranged with F.A.Herbig Verlagsbuchhandlung GmbH, Munich through Tuttle-Mori Agency,Inc., Tokyo.）

〔22〕パンツァー・ペーター　一九七〇、一九七三「日本オーストリア関係史」竹内精一、芹沢ユリア訳　一九八四　創造社（Pantzer,Peter1973.1. Japan und österreich-Ungarn. Die diplomatischen,wirtschaftlichen und kulturellen Beziehungen von ihrer Aufnahme bis zum Ersten Weltkrieg. Wien, Eigenverlag, 1973.（Beiträge zur Japanologie：Veröffentlichungen des

Instituts für Japanologie der Universität Wien. Bd. XI), Pantzer, Peter 1970. 2. Hundert Jahre Japan-österreich Tokyo, Nichi-0-Kyokai, 1970.)
〔23〕パンツァー・ペーター、クレイサ・ユリア　一九八九「ウィーンの日本　欧州に根づく異文化の軌跡」佐久間穆訳　一九九〇　サイマル出版会　pp.191（Pantzer, Peter; Krejsa, Juria 1989. Japanisches Wien. Die Spuren einer fremden Kultur in Europa. Herold Verlag, Wien.）
〔24〕パンツァー・ペーター　二〇〇九「特別友国」「不平等条約」でスタートした一四〇年間のオーストリアと日本の関係」ユッタ・シュテファン＝バストル監修「修好一四〇周年記念　日本とオーストリアの友好関係をふりかえってⅠ」p. 194-204（Pantzer, Peter 2009. "Der bestmögliche freundschaftliche Partner" in Botschafterin Dr. Jutta Stefan-Bastl Ed. österreichisch-Japanische Begegnungen,140 Jahre freundschaftliche Beziehungen.Impressum Band I "Bundesministerium für europäische und internationale Angelegenheiten/österreichische Botschaft Tokio. P.18-32.)
〔25〕プラシュル＝ビッヒラー・ガブリエーレ　一九九五「皇妃エリザベートの真実」西川賢一訳　一九九八　集英社　pp.251（Praschl-Bichler,G.and Cachee, J. 1995 Kaiserin Elisabeth privat.Amalthea in der F.A.Herbig Verlagsbuchhandlung GmbH˙ Wien/Munchen/Berlin. Japanese translation published by arrangement with Buchverlage Langen Muller Herbig through The English Agency（Japan）Ltd.）
〔26〕Randa, Alexander 1966 österreich in übersee, Wien.
〔27〕シャート・マルタ　一九九八「皇妃エリザベートの生涯」西川賢一訳　二〇〇〇　集英社（Schad, Martha 1998. Elisabeth von Osterreich by.Copyright 1998 by Deutscher Taschenbuch Verlag GmbH & Co. KG,Munich/Germany Japanese translation rights arranged with Deutscher Taschenbuch Verlag GmbH & Co. KG, Munich/Germany through Japan UNI Agency lnc., Tokyo.)
〔28〕シーボルト、H・V　一八八一「小シーボルト蝦夷見聞記」原田信男、H・スパンシチ、J・クライナー訳注　一九九六　平凡社　pp.299 (Siebold, Heinrich von (1)1881 Ethnologische Studien über die Aino auf der Insel yesso. (2) 1878 Das Pfeilgift der Ainos. (3) 1959「北海道歴観卑見」（大隅文書））
〔29〕シュタットミュラー・ゲオルク　一九六六「ハプスブルク帝国史　中世から一九一八年まで」矢田俊隆解題　丹後杏一訳　一九八九　刀水書房　pp.246（Stadtmtüller, Georg 1966 Geschichte der habsburgischen Macht.）
〔30〕テイラー、A・J・P　一九四八「ハプスブルク帝国　1809～1918」倉田稔訳　一九八七　筑摩書房　pp.400+8（Tayler,A. J.P. 1948 The Habsburg Monarchy 1890-1918, A History of the Austrian empire and Austria-Hungary. Penguin Books, London.）
〔31〕米倉浩司・梶田忠（二〇〇三―）「BG Plants 和名―学名インデックス」（YList）, http：//bean.bio.chiba-u.jp/bgplants/ylist_main.html（二〇一三年一月一三日）

Web References
〔32〕NHC
http://www.habsburger.net/en/chapter/natural-history-collections?language = de
〔33〕NHM-Wien-overview,2011 〝Museum of Natural History in Vienna〟(overview) ,Naturhistorisches Museum Wien,2011,Webpage:NHM-Wien-overview:http://www.nhm-Wien.ac.at/d/museum.html
〔34〕NHMW-history,2011 〝History (Hauptframe)〟(overview) ,Naturhistorisches Museum,Vienna,Austria,2011,Webpage:NHMW-history:http://www.nhm-wien.ac.at/NHM/2Zoo/welcomehis_e.html
〔35〕NHM-Wien-Mineral,1997
〝The Beginning〟(history with founding of the Naturhistorisches Hofmuseum) ,Natural History Museum of Vienna,January 1,1997,NHM-Wien-Mineral:http://www.nhm-wien.ac.at/NHM/Mineral/Homepage_MA_E.html#BM6
〔36〕CPR-TOL,2012
Crown Prince Rudolf-Traces of a life,Fachgruppe Wien der Freizeit-und Sportbetriebe der Wirtschaftskammer Wien (http://www.freizeitbetriebe-wien.at/guides/download/KPRudolf/Finales% 20Handout_eng.pdf)
〔37〕CPR-museum notes,2006
〝Crown Prince Rudolf (1858-1889)〟(museum notes) ,Natural History Museum of Vienna,2006,NHM-Wien-Rudolfe:http://www.nhm-wien.acat/NHM/Mineral/Rudolfe.htm
〔38〕Novara-Expedition
http://www.novara-expedition.org/en/e_geschichte.html?2002,2003,2004,2005 Mag.Christoph H.Benedikter,Philipp Kreidl,Dr.Peter Rohrbacher,NOVARA-expedition?, Dogma3 Werbung Kultur-und Projektmanagement GmbH
〔39〕Dworschak,P.C.&Stagl,V. 〝The Crustacean Collection of the Museum of Natural History in Vienna〟(history) ,Peter C.Dworschak&Verena Stagl,3rd Zoologlcal Dept., Naturhistorisches Museum,Vienna,Webpage(@www.nhm-wien.ac.at) :http://www˙ nhm-wien.ac.at/nhm/3 Zoo/Posterv2.pdf
〔40〕KHM-Novara-Expedition,2005
〝Novara-Expedition〟(port-by-port description) ,Kunsthistorisches Museum Wien,2005,Webpage:KHM-Novara-Expedition,http://www.khm˙ at/entdeckungen/nova/nova_st15.htm
〔41〕Fachgruppe Wien der Freizeit-und Sportbetriebe der Wirtschaftskammer Wien:www.freizeitbetriebe-Wien.at
〔42〕Fleming,C.A.'Hochstetter,Christian Gottlieb Ferdinand von -Biography',from the Dictionary of New Zealand Biography. TeAra-the Encyclopedia of New Zealand,updated 1-Sep-2010:http://www.TeAra.govt.nz/en/biographies/1h30/1

<Personal Communication>
〔43〕 Dr. Sattman, Naturhistorishes Museum, Wien, Austria. 2012.

第四章　明治の西洋動物学の黎明

木下熊雄〈上〉

日本近代の博物学の祖・モース

明治時代は、日本における「西洋動物学」の始まりといってよい時代である。ほぼリアルタイムで海外で出版された専門の科学論文が手に入るようになり、また西洋においても科学論文の基本的なフォーマットが決まりつつある時期であった。日本に入ってきた動物学の礎《いしずえ》は、一八七七年（明治一〇）の大森貝塚の発見者として、第三章でフィリップ・フランツ・シーボルトの次男ハインリヒ・シーボルト（小シーボルト）と競った、お雇い外国人、エドワード・シルベスター・モース*（図4―1）による進化論にもつながる動物分類学であった。もちろん日本でも博物誌はあったが、それと西洋から入ってきた科学としての動物分類学はこれまでとは大きく違うものであった。

日本の博物誌のルーツは、中国由来の「本草学《ほんぞうがく》*（薬学）」と、趣味の世界であった「貝集め・養禽・園芸」の二つである。江戸時代の博物誌は、非常に正確な生物情報の資料として有効であり、江戸時代元文年間（一七三六〜一七四〇年）のトキ（鴇）・イノシシ（猪）の地理分布や、北米原産の作物の伝搬状況などのデータを抽出できるくらい精密なソースとなり得る。にもかかわらず、江戸時代の博物誌は、クジラ（鯨）を魚類に含めたり、カメ（亀）・カニ（蟹）・貝類を一群にまとめる動物分類方法や、穀類・薬草・

園草など用途による植物分類であるという理由で、西洋の分類学と比べて幼稚で〝非科学的〟と言われ続けてきた。[26]

明治に入ってきた西洋文明の動物学は、日本の博物誌より優れているというのではなく、完全にフェーズが異なるものであった。それは、中国の「本草学」も含め、アジアの博物誌にはなかった「自然の体系化」を志向する文化にもとづくものであった。そしてこれが、現代の生物学にも通じる生物系統学となっていった。[27]

〈編集部註〉

＊モース　一八三八〜一九二五。アメリカの動物学者。ハーバード大学に学ぶ。一八七七年（明治一〇）来日。二年間東京帝國大学で生物学を講じ、進化論を紹介。大森貝塚や古墳の発掘・研究など、日本の近代的考古学の最初の実践者。著書に『大森介墟古物篇』『日本その日その日』など。

＊「本草学」　中国由来の薬物についての学問。薬物研究にとどまらず博物学の色彩が濃い。本草学がまとめられるようになったのは漢時代と推定される（神農本草）が、五〇〇年ころ、陶弘景により「神農本草経」「神農本草経集注」が大成され、以後、唐・宋にかけて知識が補われたが、明末に李時珍が最も完備した「本草綱目」（一五九六年刊。五二巻。本草一八九〇余種を解説）を完成した。日本へは奈良時代に伝えられ、「本草和名」などが現れたが、江戸時代に最も盛んとなり、貝原益軒（かいばらえきけん）の「大和本草」、稲生若水の「庶物類纂」、小野蘭山の「本草綱目啓蒙」が現れ、さらに西洋博物学の影響も加わって、多くの人がその発展に寄与した。

ドレッジ（底引き網）で採集

モースは東京帝國大学（現・東京大学）の初代動物学教室の教授となり、彼の影響により東京帝國大学に日本最初の臨海実験場である「三崎臨海実験所」（Misaki Marine Biological Station）が設立されるに至っ

図 4-1　モース（モース・コレクション／民具編　モースの見た日本 1988 より引用）
大森貝塚発掘のようす　（『大森介墟古物編』口絵　モース・コレクション／民具編　モースの見た日本 1988 引用）

た。これらのいきさつに関してはモース本人の著作および磯野直秀氏の著作に詳しい。[24・25・61]

モースは一八七七年（明治一〇）に来日し、同年七月一七日から八月末まで江ノ島で過ごし、ドレッジや手繰網《てぐりあみ》などによる深場の採集や磯採集を行ない、また土産物《みやげもの》屋でガラス海綿のホッスガイ（払子貝）やサンゴ（珊瑚）などを買い求めている。[24]「ドレッジ」とは〝底引き〟の海底の科学調査用の〝網〟のことであり、「第一章」でも触れた、イギリスのチャレンジャー号世界一周調査航海や、昭和天皇の海洋生物採集、また現在においてもほとんど形が変わらずに使用されている採集道具である（**図4―2a**）。一八七七年（明治一〇）八月二日の江ノ島におけるモースの日記に、モースが採集に使用した生物ドレッジが彼の手によって描かれている（**[図4―2b]**の、手前下のロープがついているカゴのようなもの）。

モースの持ち帰った標本は、現在アメリカの「ピーボディ博物館」（Peabody Museum of Natural

図 4-2a　現在の生物採集用ドレッジ。淡青丸 KT08-3 航海、五島列島にて（筆者撮影 2008）

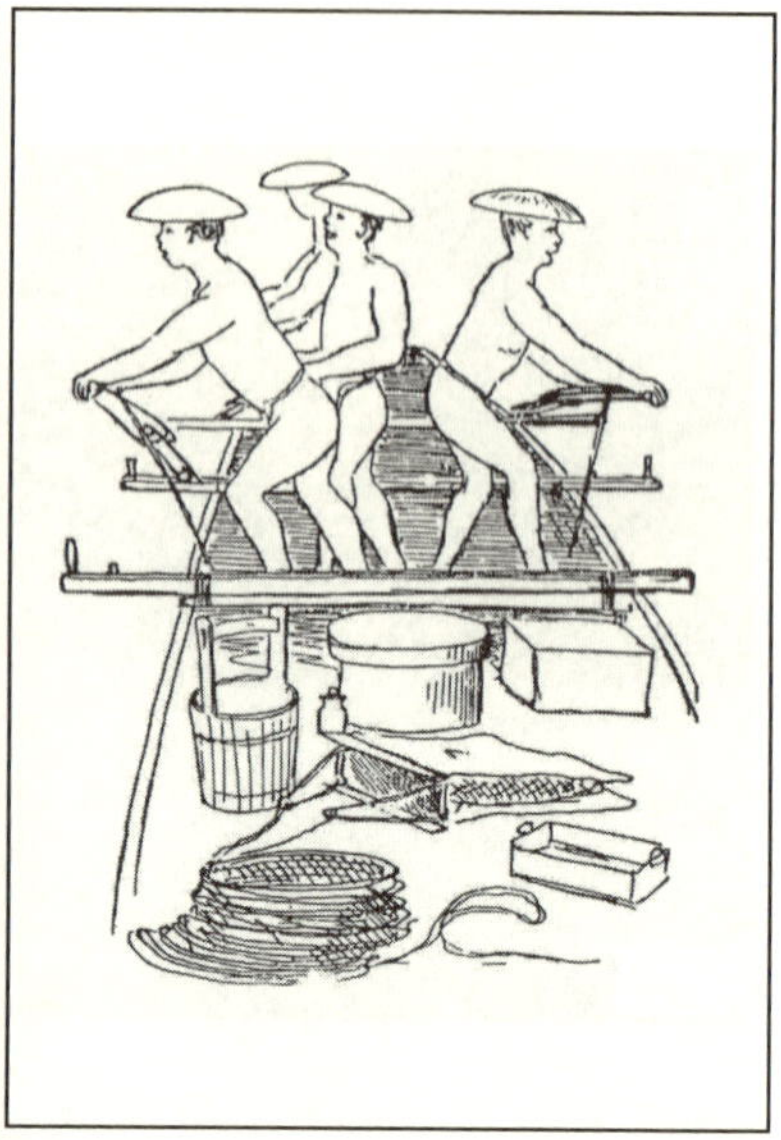

図 4-2b　モースの使用したの生物採集用ドレッジ（明治 10 年（1877）8 月 2 日　江ノ島）（モース・コレクション／民具編　モースの見た日本　1988 Fig. 222 引用）

図 4-2c　モースが臨海実験所を設けたころの江の島（モース・コレクション／民具編　モースの見た日本 1988 より引用）

History at Yale University：YPM）に所蔵されているが、そのモースの持ち帰った生物標本に、現在も未研究のままの深海・冷水域サンゴ標本が含まれていた。これらの深海・冷水域サンゴ標本は、すべて東京湾の採集地となっているが、相模湾の磯採集で採集できるもの、および船舶を使用して採集できるものの両方が含まれており、これはモース来日の明治一〇年の江ノ島での磯採集（図4—2c）、ドレッジ（底引き網）の両方で採集された際のものではないかと思われる。

モースが持ち帰った「深海・冷水域サンゴ」

日本では沖縄や小笠原、世界ではオーストラリアの「グレート・バリア・リーフ」などで知られる「サンゴ礁」は、一般に暖かい熱帯の浅い海にしか生息しないイメージがある。だが、じつは深海や冷水域にもサンゴは生息しており、それが近年世界で注目を浴びている「深海・冷水域サンゴ」（Cold-Water Coral：CWC）である。

「深海・冷水域サンゴ」とは、熱帯域でのサンゴと同じく深海域・冷水域での他の生き物の生息域を形成し、そのような冷たい環境で生物多様性を非常に高くしているサンゴ礁、またはサンゴ群集のことである[54・57]（図4—3）。その分布は、大陸棚斜面、海山、海嶺などにおいて、北極域から南極域まで世界中の海に広がっている。また、日本で古くから知られている「桃太郎」の〝鬼退治〟の際の宝物に必ず入っている「宝石サンゴ」も、この仲間である。生物学的には、刺胞動物門の六放サンゴ亜綱・八放サンゴ亜綱・ヒドロ虫綱などで構成されている。モースが持ち帰った深海・冷水域サンゴは、このうち八放サンゴ亜綱に属する。

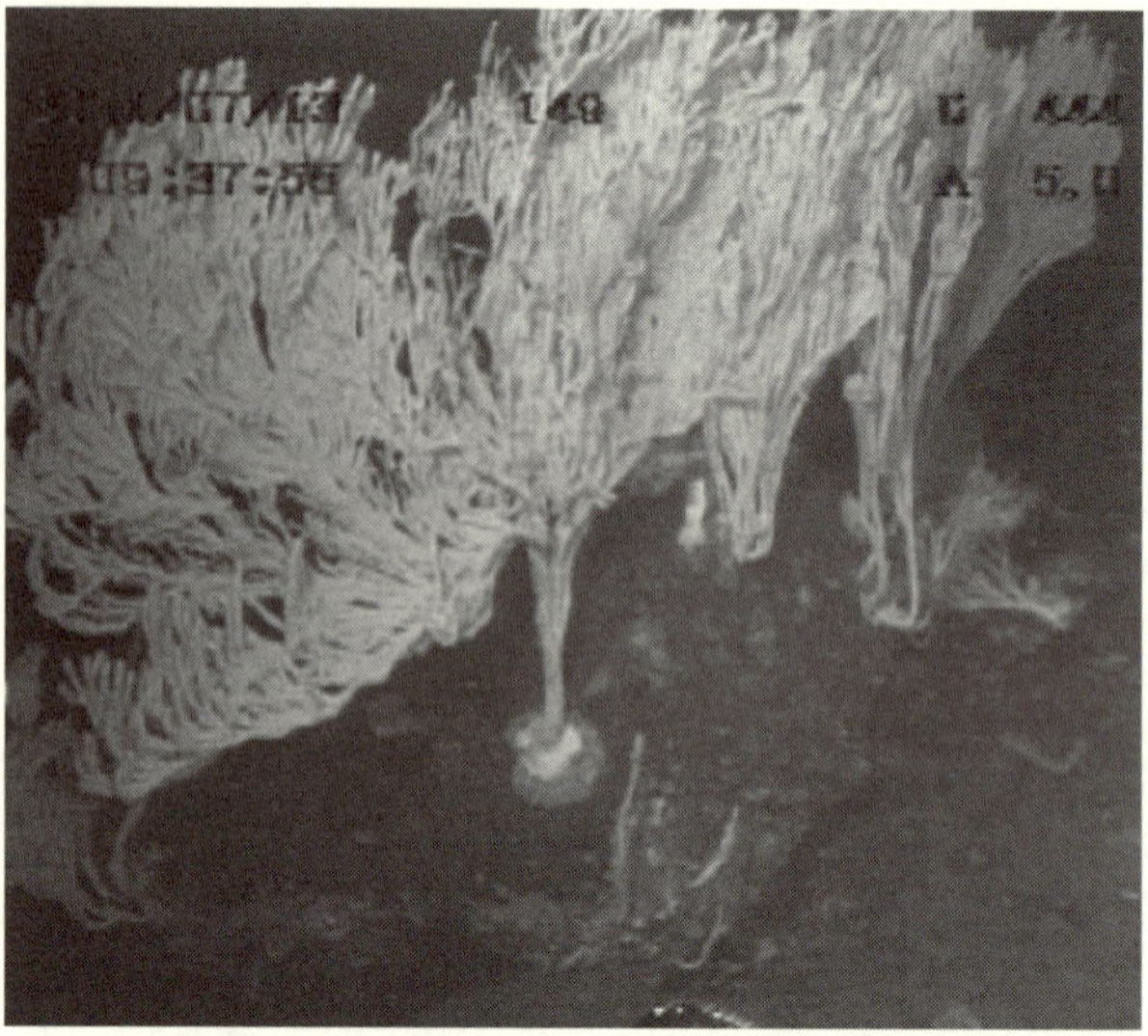

図 4-3　冷水域サンゴ（CWC）のうちの一つ、木下熊雄が新種記載したオオキンヤギ（*Primnoa pacifica* Kinoshita, 1907）（北海道・後志海山　水深 444m, dive 3K#532, JAMSTEC, 筆者によるクリップ）

日本で一番最初に「八放《はっぽう》サンゴ」（ポリプの触手が八本あるサンゴ）について報文を記名で書き記したのは、モースと同じお雇い外国人のヒルゲンドルフ（Franz Martin Hilgendorf）の弟子で、日本で最初の魚類学者である松原新之助（一八五三～一九一六）であった。一八九一年（明治二四）の動物学雑誌に、松原新之助の書いた「うみやなぎ」「越王除算」、そして「本邦珊瑚の産地」は論文に値する情報が多いものの、体裁は江戸の博物誌的な報文である。[49・50・51]「うみやなぎ」は漢字で書くと「海楊」であり、前述の八放サンゴに属する深海・冷水域サンゴである「ヤギ」の和名（日本名）である。そのほかに「磯花」（イソバナ）、「海扇」（ウミウチワ）などの美しい和名が存在する。

海洋生物学者——木下熊雄の生涯

明治時代の東京帝國大学で、現在まで名前が知られているのはみな教授であったり、所長であったり、弟子や部下をたくさん残している人がほとんどである。そんななか、純粋に研究内容のみで科学界に名を残した人物がいる。「木下熊雄」（一八八一年〈明治一四〉～一九四七年〈昭和二二〉）である。木下熊雄は、わたしも国際運営委員を務めたことのある、「ＩＳＤＳＣ」（International Symposium on Deep-Sea Corals）という国際深海サンゴシンポジウムを中心として、アメリカ「ＮＯＡＡ」（National Oceanic and Atmospheric Administration）やヨーロッパでも活発な研究分野において、現在も最も論文を参照・引用され、知られている日本人である。

というのも、世界中でもっとも広く分布する大型の深海・冷水域サンゴ群集の一つは、オオキンヤギ科の種〈*Primnoa pacifica* Kinoshita, 1907〉であるが（**図4―3**）、太平洋において、その新種を最初に記載論文として科学界に報告したのが木下熊雄なのである。[29] また、もう一つの大型の深海・冷水域サンゴの種・サンゴダマシ科の〈*Paragorgia arborea*（Linnê）〉の分布を、太平洋で初めて論文発表したのも木下熊雄である。[57] さらに、前述のサンゴのポリプ（polyp）という単語に「虫」の字を最初に当てて和訳したのも木下熊雄が最初だった。[71・30]

木下熊雄は、一九〇三年（明治三六）から一九一四年（大正三）の間、東京帝國大学（現・東京大学）理学部動物学教室に所属した理学博士である。宣伝する弟子などもいないうえ、長い間この分野が注目を集めなかったこともあり、三崎臨海実験所および東京大学動物学教室の歴史の中では三崎臨海実験所所長・理学部教授の*箕作佳吉《みつくりかきち》や*飯島魁《いいじまいさお》などにくらべて、日本での知名度は非常に低い。しかしながら、木下熊雄は、上記のオオキンヤギとサンゴダマシの論文のほかにも、たくさんの新種記載論文や生態・分布の研究を行なっており、現在においても八放サンゴ研究では彼の研究を参照せずには成り立たない。

木下熊雄の残した研究標本は、東京大学およびアメリカ・スミソニアン自然史博物館に所蔵されているが、それゆえ、深海・冷水域サンゴ研究において今後ますます価値が高まることは明らかである。実際に、木下標本の研究に関しては、一九五三年（昭和二八）にアメリカ・スミソニアン自然史博物館のキュレーターであった故・ベイヤー（F. M.Bayer）博士が、またその後、故・内海富士夫博士（京都大学理学部教授）が調査しており、現在も筆者（松本）によって研究中である。

木下熊雄は、八放サンゴ亜綱の研究に欠かせない研究を残しており、[56] また、幕末から明治時代の過渡期において、西洋文明によって確立された科学研究としての博物学・動物学を学んだ当事者であり、現在にも通用する科学者として世界だけでなく、日本でも再評価されるべき人物である。

本書の「第四章」「第五章」は、この分野で今も生きる研究を残した木下熊雄を通じて、明治の一研究者の背景と、その時代・環境について二〇一四年現在までに判明している事柄をまとめたものである。

〈編集部註〉

＊箕作佳吉　一八五八～一九〇九。動物学者。津山藩医・箕作秋坪の三男。慶応義塾に入学後、大学南校に学んだのち一八七三年に渡米。レンセラー工科大学で土木工学を学び、のちエール大学、ジョンズ・ホプキンス大学に転じ、動物学を学ぶ。その後イギリスに留学。帰国後、東京帝國大学理科大学で日本人として最初の動物学の教授となる。日本動物学会、三崎臨海実験所を設立した。

＊飯島魁　一八六一～一九二一。動物学者。浜松に生まれ、東京帝國大学生物学科卒業後、ドイツに留学。のち東京帝國大学教授として日本の近代動物学建設に貢献。海綿動物の研究をはじめ、鳥類、寄生虫学などに寄与した。著書『動物学提要』（一九一八）は多年にわたり日本の標準的動物学教科書となった。

医学から動物学へ

木下熊雄は熊本県玉名市伊倉出身。一八八一年（明治一四）五月二四日誕生。名は又彦、のちに改めて熊雄という。[23] 一九〇〇年（明治三三）、熊本中学濟々黌（現・熊本県立濟々黌高等学校）を経て、旧制熊本第五高等学校の三部（医科）で学ぶ。そのため、ドイツ語は大学入学時にすでに達者であったという。[68・69] 一九〇三年（明治三六）から医学から動物学へ専攻を変え、東京帝國大学理学部動物学科に在籍。東京帝國大学動物学科第三年生時に八出珊瑚類中ヤギ科（八放珊瑚亜綱ヤギ目〈前述の海楊《うみやなぎ》〉）を研究。[3] 一九〇四年（明治三七）、動物学教室在籍時に東京動物学会入会。[2] 一九〇七年（明治四〇）七月一一日に動物学教室を卒業し、理学士となっている。[5] 卒業論文は丸善書店の東京帝國大学理科大学紀要に印刷され、一圓二〇銭だった。[8] 在学中は本郷の駒込動坂に住んでいたという。[36]

【図4―4】の写真aは、東京大学に残されていた写真を磯野直秀博士が複写したもので、おそらく学部時代のころと思われる。写真bは米国スミソニアン自然史博物館のキュレーターのベイヤー博士が日本から持ち帰った写真を筆者が複写したもので、写真aよりも後年のものと思われる。

サンゴ研究で博士号

卒業後、大学院に進むが、学部卒業直前の一九〇七年（明治四〇）六月初旬ころに鹿児島県宇治群島で筆者未発表データ・4・5の調査をしている。

図 4-4a　木下熊雄
東京大学所蔵
（磯野直秀氏複写）

図 4-4b　木下熊雄
米スミソニアン自然史博物館
F.M.Bayer 氏所蔵（筆者複写）

図 4-5a

図 4-5b

図 4-5a　明治 41 年 (1908) 木下熊雄 - 宇治・甑島　調査標本ラベル（直筆）、
図 4-5b　明治 42 年 (1909) 木下熊雄 - 土佐・柏嶋　調査標本ラベル（直筆）

続く一九〇八年（明治四一）には、東京大学に所蔵する八放サンゴ亜綱ヤギ目標本中最大の採集調査の一つである鹿児島県宇治群島調査旅行を執り行なっている。鹿児島県宇治群島は、「第二章」で述べた宝石サンゴ漁場として有名な長崎県肥前漁場男女群島と、奄美大島の間に位置する、同じくサンゴ漁場（薩摩漁場）のあった海域である（**図2–4**）。年代的には、第二章の新田次郎の男女群島の海難の二〜三年後になる。サンゴ漁場やその宝石サンゴ漁場の拠点の下甑《こしき》村手折港において、五月から六月にかけて二カ月の採集を行ない、六月二一日に帰京した、と記録にあり、このとき採集した標本にはウミヒバ、ヤギ類（海楊）などで、そのほかにアオブダイの歯などがある。

サンゴ漁場では、宝石サンゴの種類のほか、サンゴ漁漁師に通常「草」と呼ばれる商品価値のない、同じ八放サンゴヤギ類が生息している。また手折港では、一貫何百目（一貫は三・七五キログラム）、価格一三〇〇圓の「桃色サンゴ」が上がったのを見に行ったとある[6・7・筆者未発表データ]（**図4–5a**）。このモモイロサンゴは、江戸時代に最も商品価値の高かった宝石サンゴの種類（*Corallium elatius Ridley*, 1882）である。

東京大学所蔵標本を大幅に増加させた、木下熊雄の鹿児島宇治群島調査に準ずる大きな採集調査は、同じく木下熊雄による一九〇九年（明治四二）六月の土佐柏島（高知県足摺沖珊瑚漁場〔**図2–2**〕、これは第二章でまさに高知漁場でサンゴ漁船の海難が起きた同じ年である〔**図4–5b**〕）、一九一〇年（明治四三）七月下旬の鹿児島甑島《こしきじま》（**図2–4**）での調査旅行であり、いずれもその調査結果の秀逸さから、木下の調査計画における季節・場所の選択能力を示している[31・筆者未発表データ]。

土佐柏島は明治九年ころに「サンゴ曽根」（いわゆる宝石となるサンゴが生えている海底の岩礁のことで、周囲よりも少し小高い山のようになっている）が発見された、土佐の宝石サンゴ産地として非常に有名な場所で

ある。明治時代にはその海域でのサンゴ漁業に関して、漁師間で数千人レベルの紛争が起こったという。[70・20]

このように、木下熊雄の調査は宝石サンゴ漁場をピンポイントでターゲットにしたものであり、それにより、その海域での最大生物多様性ホット・スポットを研究することを可能にしたのである。

一九一〇年（明治四三）以後は、木下熊雄の採集した八放サンゴ亜綱ヤギ目標本の記録はない。

一九〇九年（明治四二）には、初代三崎臨海実験所所長の箕作佳吉が没しているが、同年一二月一〇日、東京動物学会例会にて、東京動物学会（現在の日本動物学会）の評議員一五名の内の一人となる。[9] また、同年（一九〇九）、動物学教室において「臨海倶楽部」という、三崎実験所における利用者の自治組織が設立され、有志寄付により図書・遊技具を取りそろえたが、その責任者は木下熊雄と*田中茂穂《たなかしげほ》（のちに動物学教室教授）の両名であった。[64] 木下熊雄が八放サンゴ類研究、田中茂穂は魚類研究をしていた。木下熊雄の同級生には*小泉丹《こいずみまこと》と恵利恵《えりめぐみ》がおり、二学年下に*大島廣（熊本第五高等学校教授・九州帝國大学教授・東京帝國大学動物学教室教授〈兼務〉）がいた。[69]

一九一二年（大正一）九月に理学博士の学位を取得している。[10・33] そのことを伝える当時の記事が残されている。

> 木下熊雄氏が、東京帝國大學大學院定規の試験を経、理學博士の學位を授けられし事既報の如し。其試験論文審査要旨、九月十八日官報に據れば次の如し。
> やぎ類（Gorgoniden）の形態學竝に系統史への貢献[10]

この記事から、当時の博士の学位授与は「官報」にて一般に報告されていたことがわかる。当時の大学院では、修業年限は五年であった。しかし、大学院修了の五年で学位を得たのは、木下熊雄が動物学教室で最初であったという。[72] つまり、ほかの学生はみな、五年以内での学位取得をはたせず、いまでいうオーバードクターではじめて学位を取得していたのである。ここに木下熊雄の学術的な優秀さが見てとれよう。

木下は調査旅行のほか、三崎臨海実験所（Misaki Marin Biological Station：MMBS）において採集された標本にもとづき、動物学教室在籍中に二六本の日本語論文と報告文、八本のドイツ語論文（木下順二によると[36]一三本?）、三本の英語論文を書いている。論文は主として、現在生態系を形成する生物として注目されている深海・冷水域サンゴである「八放サンゴ類」（当時、木下熊雄は「八射珊瑚」と呼んでいる[30]）の深海種を中心としており、論文の科学的価値は現在でも大きい。八放サンゴ類での最後の論文は一九一四年であり、[34] 動物学教室に在籍中に投稿した論文がすべてである。

〈編集部註〉

＊田中茂穂　一八七八～一九七四。高知県出身の動物学者。東京帝國大学教授。ジョルダンらと『日本魚類目録』を著し、初めて日本産魚類を系統的に分類。また魚類方言を多数採集し『実用魚介方言図説』にまとめた。

＊小泉丹　一八八二～一九五二。京都府出身の動物学者。東京帝國大学理学部動物学科卒。伝染病研究所で宮島幹之助に師事。台湾で熱帯病を研究。一九二四年新設の慶応義塾大学医学部教授、寄生虫学を担当。マラリアやデング熱の研究、『蛔虫の研究』、進化論の解説などの業績がある。

＊大島廣　一八八五～一九七一年。大分県出身。一九〇九年東京帝國大学理科大学動物学科卒。同年亡くなった箕作佳吉の遺志を継ぎ、卒業後も氏のやり遺した日本産ナマコ類の研究を続け、四六新種を発表。その後、熊本五高（現・熊本大学）教授、一九一九～一九二二年文部省在外研究員として欧米留学。帰国後、一九二二年に九州帝國大学農学部動物学教授となる。一九二八～一九三六年東京帝國大学教授を兼任。一九六二年には沖縄研究の集大成として『ナマコとウニ』を著した。

熊本県三角時代

木下熊雄は博士号取得のあと、一九一四年（大正三）ころにはすでに郷里・熊本に戻ったとみられ、熊本県宇土《うと》半島南端の三角港《みすみ》（図4―6a、b）に一軒の家の二階を借り、舟でクラゲなどの浮遊性プランクトンを採集し、クラゲの触手の排列の観察などを行ない、「縁膜水母二種に於る觸手及聽胞の排列竝に生成の順序に就て」（一九一六）を発表している。これは木下の生涯最後の邦文論文であるといわれ[67・69]、現在のところ、この後の木下の論文は見つかっていない。

木下は、三角で採集した標本を動物学教室に送ったとみられ、フグの仲間の〈*Sphoeroides vermicularis radiatus* form〉の記載論文に、副模式標本のひとつとして「熊本縣三角、木下熊雄氏、副模式標品『動四七六二六号』」の文字が見られる。[1] 副模式標品（本）とは、分類学において新種を記載した際の元になる標本（タイプ標本）のうちの一つである。前述の大島廣は三角にいるときの木下熊雄を二度、訪ねており、「一緒に港内でハダラ釣りを楽しんだ」と記録している。[67・69]

三角は宇土半島の先端に位置し、天草《あまくさ》にかけての複雑な岩礁をもつ海域で、ほぼ〝天草〟と呼んでもいい海域である。遠浅砂浜で、細長い形の「笹船」漁船をもつ有明海沿岸とは異なり、天草近辺の漁船は船高が高く、船長に対して船幅が広い〝外洋型〟の船が多く、行動範囲も長崎半島、五島《ごとう》、長崎県平戸《ひらど》、鹿児島県甑島《こしきじま》沿岸などまでを漁場としていた。戦前には玄界灘《げんかいなだ》を渡って延縄《はえなわ》漁と素潜り漁に出かけたという。[63]

このような広い漁場、とくに宇治群島から甑島は、木下熊雄が帝國大学在学中に採集調査に訪れた海域

図 4-6a　三角港海岸より荷島の望遠（肥後宇土）（絵葉書より）

図 4-6b　三角西港より　荷島《にないじま》及び八代方面。
写真右側の天草との間に橋。手前が明治 20 年に開港した三角西港の岸壁。(筆者撮影 2010)

図4-7　オキナエビスの仲間
学術研究船淡青丸 KT08-3 航海にて筆者撮影、2008

でもあり、とくに岩礁域に生息する深海・冷水域サンゴを研究対象としていた木下熊雄にとって、興味を十分に引くような生物が採集できるような海域であった。

第二章で述べたとおり、長崎県五島列島は福江の富江港を、鹿児島県下甑島は、島の手打港を拠点として、宝石珊瑚漁が行なわれた場所である。実際に、筆者が木下熊雄と同じく深海・冷水域サンゴの研究のため、二〇〇八年に学術研究船「淡青丸」（海洋研究開発機構）に乗船した五島列島から甑島に調査航海の際も、ほかの海域ではできない学術的に貴重な調査を行なうことができた（図4―2a）。たとえば甑島《こしきじま》では、〝生きた化石〟と呼ばれる「オキナエビス」という貝を〝生きたまま〟採集することができた（図4―7）。

この「オキナエビス」は、じつは深海・冷水域サンゴ（CWC）である「ヤギ」（海楊）の生息海域でしか採集することができず、この貝を見つけると非常に高い金額で売れることから「長者貝」ともいわれ、高いものでは、現在でも一個「三〇〇万円」ほどで取引されているという。写真のように、殻に〝切りこみ〟が入っているところが普通のサザエなどの貝とは異なっている。

「長者貝」の名の由来は、前述の東京帝國大学の三崎臨海実験所の名採集人として知られる青木熊吉によるものであるという。[25]

わたしの航海の際には、天草・三角ではなく、太平洋側から土佐沖を経由し、鹿児島をまわって甑島方面に向かったが、木下熊雄が在学中の調査（一九〇八年〈明治四一〉、一九一〇年〈明治四三〉）は、三角港経由で天草を抜けて、宇治から甑島へ船で向かった可能性が高いと思われる。

三角には現在、西港と東港の二つの港があるが、木下熊雄関連の港はおそらく三角西港のほうである（**図4−6a、b**）。三角港の歴史は古く、第一二代*景行《けいこう》天皇九州行幸の際に停泊したとも言い伝えられている。[15] 西港は、一八八四年（明治一七）、内務省嘱託のお雇い外国人であるオランダ・ライデン出身の水利技師、ムルドル（Anthonie Thomas Lubertus Rouwenhorst Mulder。ムルデル、ムルドンとも。一八四八〜一九〇二）が設計・監督し着工され、一八八七年（明治二〇）開港した。[15] ムルドルゆかりのライデンは、わたしも研究のためたびたび訪れている学際都市であるが、オランダで最古の大学であるライデン大学の所在地であり、幕末の*フランツ・フォン・シーボルト（第三章参照）が日本を追放されたあとに、標本類を持って移り住んだ都市でもある。

西港の岸壁の石積みは天草の石工集団が施行し、埠頭の長さ七五六メートル、四〇〇キロの切り石だけで概算四万六七二三個を要したという。一八九三年（明治二六）には、当時熊本の旧制第五高等学校に教授として赴任中の*ラフカディオ・ハーン（小泉八雲）が三角西港の旅館「浦島屋」に滞在し、「夏の日の夢」という紀行文を書いたことでも知られる。このときは三角から熊本まで、馬車での移動であった。[22] なお、ラフカディオ・ハーンは、五高時代に木下熊雄の母違いの長兄で、劇作家・木下順二の父、木下弥八郎を教えたこともあったようである（**表4−1**）。

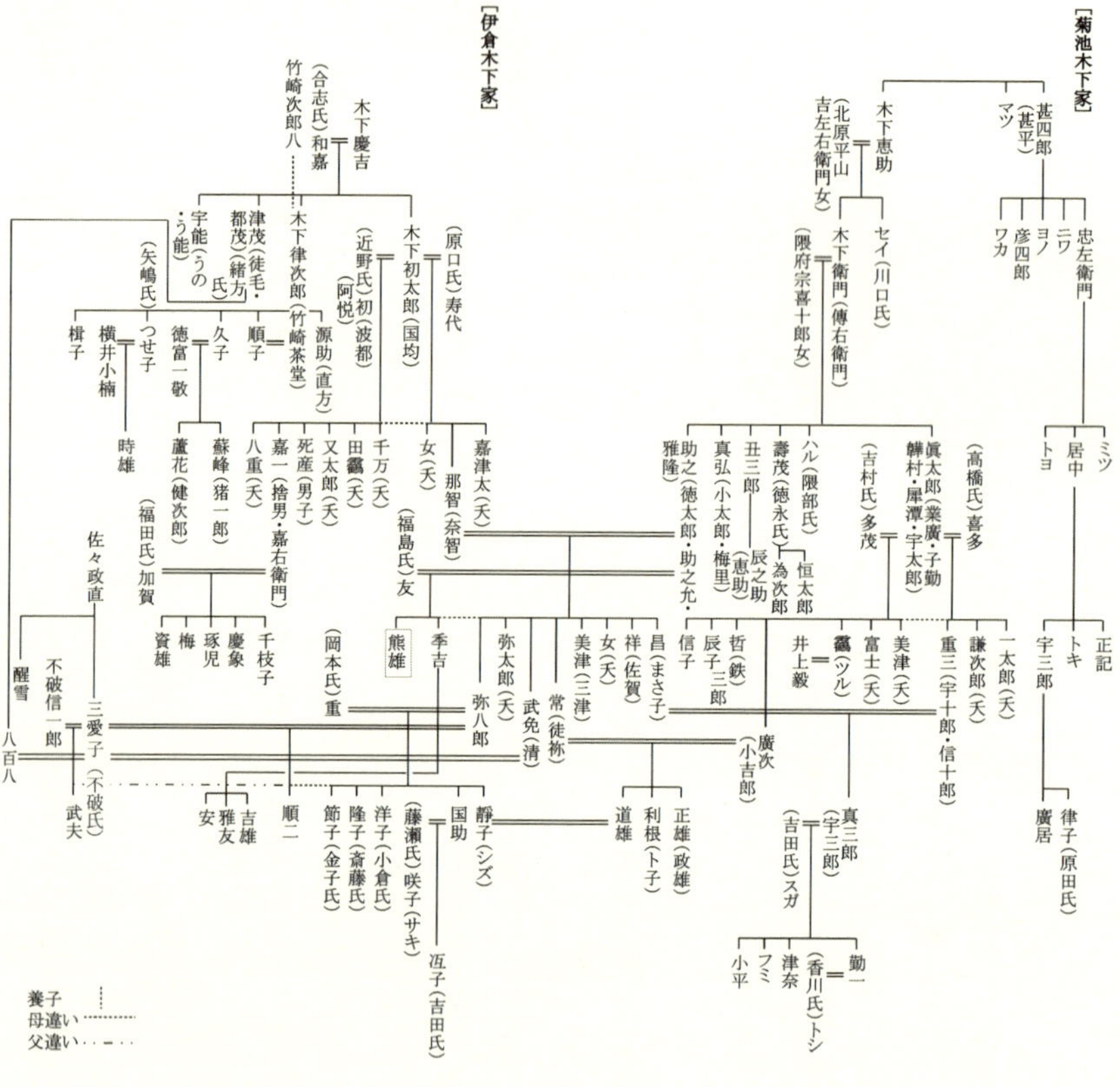

表 4-1　木下家家系図

「後年要録」（玉名市史資料篇第 5 古文書 1993）をもとに、「熊本木下家系」・「墓碑銘」などを参照し、木下トシ氏からの聞き取りを加えて作成した犬童 2000 の家系図を中心に、木下 2009、不破 2008、「木下家と玉名」のデータを加えて、木下熊雄を中心に、筆者が再構成した家系図（松本 2011）を、吉田正憲氏、冱子氏（家系図中）からの聞き取り（pers.comm., 2011）及び木下助之日記（一）（二）（玉名市立歴史博物館こころピア資料集成第四集 2001、第五集 2008）、木下順二展（玉名市立歴史博物館こころピア 1995）（木下家家関係史料 1-1,1-2,1-3）をもとに加筆修正した。

鉄道が熊本まで開通するのは明治二四年（鹿児島本線、久留米—熊本間開通）のことで、このあと九州鉄道が三角線として「三角」まで開通したのは一八九九年（明治三二）のことである（実際には、明治三二年に初代駅、一九〇三年〈明治三六〉に現在の三角駅へと移転した）。この鉄道駅が西港ではなく、現在の東港の地区にあったため、その後、一九二五年（大正一四）に東港地区際崎の修築工事が始まり、一九二九年（昭和四）に三角東港が建設された。それにより、勢力は西港から東港へと移行し、西港は次第に衰退していった。その結果、西港には明治二〇年に竣工した石積みの岸壁がそのまま残ることとなった。

三角西港は、宮城県の野蒜《のびる》港、福井県の三國《みくに》港と並んで「明治三大築港」のひとつとされ、国際貿易港であった。明治の三大築港のうち、往時のままの港湾の面影を現代に伝えるのはこの「三角西港」のみであり、二〇〇二年（平成一四）には国の重要文化財指定を受け、また二〇〇八年九月には世界文化遺産候補となった。[15]

木下熊雄が三角に居住していたのは三角線が開通後、東港の修築が始まる前から開港の前であり、西港がまだ貿易港の中心として稼動していた時期である。西港の立地は、三角ノ瀬戸を挟んで天草諸島の大矢野島と向き合っており、平地はほとんどない。船を浮かべていたという港も当時のままと思われる。絵ハガキに残された木下熊雄の時代の三角港は【図4—6a】のような姿であり、現在と異なるのは、熊本と天草諸島をつなぐ橋（天草五橋）である。

〈編集部註〉
＊第一二代景行天皇　記紀にみえる皇室系図で一二代目の天皇。垂仁天皇の第三皇子。在位、景行天皇元年（七一）〜景行天皇六〇年（一三〇）。日本武尊（やまとたける）の父。

*シーボルト　一七九六〜一八六六。ドイツの医学者・博物学者。ビュルツブルクの生まれ。一八二三年（文政六）オランダ商館の医員として長崎に着任、日本の動植物・地理・歴史・言語を研究。一八二八年「シーボルト事件」（帰国にさいし、荷物の中に国禁の日本地図や葵の紋服が発見され、関係者が処罰された）を起こし、翌年追放されたが、日蘭通商条約締結後の一八五三年、長子アレクサンダー（一八四六〜一九一一）を伴って再び来日、幕府の外事顧問となる。著書に『日本』『日本動物誌』『日本植物誌』など。アレクサンダーはのちに日本外務省に勤めた（一八七〇〜一九一〇）。また娘〈いね〉はのち女医になっている。

*ラフカディオ・ハーン（小泉八雲）　一八五〇〜一九〇四。小説家・文学者。ギリシャ生まれのイギリス人。一八九〇年（明治二三）来日。同年英語教師として島根県松江中学校に勤め、旧松江藩士の娘・小泉節子と結婚。一八九六年帰化し、小泉八雲と改名。のち五校（熊本大）・東大・早大に英語・英文学を講じた。『心』『怪談』『霊の日本』など、日本文化に関する英文の印象記・随筆・物語を発表。

香川県丸亀時代

木下熊雄の甥で、民話劇『夕鶴』で知られる劇作家・木下順二*によると（**表4―1**）、木下熊雄は四〇代半ばで学問をやめて、いきなり縁もゆかりもない「四国の海辺」に移り住んだとなっているが、[36]それはおそらく一九二五年（大正一四）前後のことと推測される。この「四国の海辺」というのは、四国・讃岐《さぬき》（香川県）の「丸亀《まるがめ》」である。[80・81]丸亀を選んだ理由としては、「東京天文台編集の『理科年表』によって気温や湿度の一番いい土地を選んだ」[36]といわれているが、真実は定かではない。

丸亀は、漁民や船乗りの間に篤い金毘羅《こんぴら》信仰や、広く庶民にも海上安全の祈願をもって知られる「讃岐の金毘羅さん」こと讃岐国琴平《ことひら》山鎮座の「金刀比羅宮《ことひらぐう》」へ海路で参詣《さんけい》する際の船着場として繁栄した港である。金毘羅参り専用の船が、いわゆる「讃岐金毘羅船《こんぴらぶね》」である。丸亀・多度津《たどつ》の港から「金刀比羅宮」まではおよそ三里（約一二キロメートル）で、参詣道である金毘羅五街道（高松街道、丸亀・多度津街道、阿波街道、伊予街道、土佐街道）のうち、もっとも栄えた丸亀街道として知られる。[52]

一八七三年（明治六）に、木下熊雄の祖父・初太郎が妻・初と、熊雄の実母・友、そして熊雄の母違いの長兄・弥八郎（一八七〇年〈明治三〉～一九五〇年〈昭和二五〉）、その乳母とともに東京へ上京する際には、熊本の港町・百貫石から蒸気船「舞鶴丸」に乗船し肥前・島原口津へ、そこから長崎県茂木を経て長崎へと継いで、長崎から米国船「エリエル」で海路下関・関門海峡を通り、神戸、大阪・京都・近江・美濃を経て、陸路東海道から横浜、東京へのルートをたどっている。[23]

一方、一九二五年（大正一四）、木下弥八郎・順二一家が東京から熊本に移るときは、九州内部は鉄道を利用したようである。熊本駅より一つ手前の「上熊本駅」に降り、当時すでに上熊本からは菊池鉄道という軽便鉄道が菊池市まで延びていたが、汽車ではなく、人力車に乗ったという。[36] おそらく、木下熊雄も上記のルートを組み合わせたようなかたちで、海路を用いて「四国の海辺」である丸亀に至ったのかもしれない。木下順二によれば、木下熊雄が丸亀に移ったあとも、熊雄よりも若い順二らが丸亀の木下宅をときたま訪れることもあったという。[36]

一九三四年（昭和九）八月一四日、木下熊雄は妻の卯羅を亡くしてから元気を失い、四国八十八ヶ所を巡礼して妻の冥福を祈ったりしていたといわれる。[67・69] 妻の葬儀はおそらく伊倉で行なったと思われる。卯羅の墓は木下熊雄の墓とともに、熊本県玉名市伊倉にある（図4―10b）。

木下順二によると、熊雄は二〇年間「丸亀」に住んでいたとされる。とすれば、熊雄は一九四五～四六年（昭和二〇～二一）の太平洋戦争終戦直後まで讃岐にいたことになるが、これはあくまでも木下順二の記憶によるため、正確な年月日は不明である。木下順二の父・弥八郎も、戦時中は伊倉に疎開していたとのことなので、[36] 熊雄も開戦後すぐに郷里に帰った可能性もある。熊雄の長兄・弥八郎の孫・迺子氏によると、「二〇年というのは順二の覚え違いではないか」とのことである。

〈編集部註〉
＊木下順二　一九一四～二〇〇六。劇作家。東京生まれ。東大英文卒。大学在学中から戯曲の創作を志し、一九四九年（昭和二四）民話劇『夕鶴』で毎日演劇賞、一九五四年（昭和二九）『風浪』で岸田演劇賞を受賞。清新な作風で演劇界に高く評価される。のち法政大学教授。一九七八年『子午線の祀り』で読売文学賞、一九九〇年（平成二）『木下順二集』『シェークスピア』で毎日芸術賞ほか、受賞多数。シェークスピアの研究や演劇評論でも知られる。

熊本県黒髪時代

一九四七年（昭和二二）四月の「東京動物学会」（現・日本動物学会）の会員名簿には、「熊本市黒髪町宇留毛一七〇」と、木下熊雄の記録が残されている。[11] また二〇一〇年の時点では、木下熊雄の実兄・季吉の子、雅友氏、安氏が「黒髪」に在住しているとのことであり、[89] おそらくこの家の所在地が、かつて木下熊雄の住んでいた家なのではないかと思われる。家には木下熊雄の手による〝木彫り〟などの品々が残されているという。

黒髪は、木下熊雄の通った熊本県中学「濟々黌」の所在地であり、北熊本駅から現在の熊本電鉄で一駅、「黒髪町駅」下車である。この「濟々黌」の二代目の校長木村弦雄は、木下熊雄の叔父木下韡門の開いた私塾「木下塾」の門下生である。すぐ近くにラフカディオ・ハーンや夏目漱石の勤めていた旧制第五高等学校（通称「熊本五高」）があり、九州大学教授で東京帝國大学動物学教室の後輩である大島廣は、次男がその熊本五高に入学したときに黒髪の木下熊雄を訪問したが、それが熊雄との「最後の邂逅であった」としている。[67・69]丸亀での二〇年と熊雄の没年を計算すると、この黒髪在住はあまり長くなかったのではないかと思われる。

生まれ故郷「伊倉」に没す

木下熊雄は、動物学会甲種会員のまま、一九四七年（昭和二二）六月四日、熊本県玉名郡伊倉町（現・玉名市伊倉）の兄宅にて没している。[12]玉名市伊倉は、菊池川が有明海に注ぎ、活火山「雲仙」を海の向こう岸に見る、海に近いとても古い港町である。最寄り駅は、ＪＲ鹿児島本線の「肥後伊倉駅」で、駅舎は一九三五年（昭和一〇）に開通した当時のままの姿である。ただ、残念なことに、九州新幹線開通の余波により、ＪＲ九州はこの旧い駅舎を保存しないことに決めたとのことである（**図４―８**）。そこから伊倉の中心街には二〇分ほど歩く。

木下熊雄の兄は、実兄・季吉（一八七七〜一九三四）と、木下順二の父である母違いの長兄・弥八郎であるが（**表４―１**）、この玉名郡伊倉の〝兄宅〟というのは木下弥八郎の別宅である。二〇一〇年現在、この別邸は木下家以外の手に渡っているが、住人の四ヶ所氏は当時の木下家をよく知っており、改築を重ねてはいるものの、二重屋根の玄関部分のみが当時のままの姿を残しているという。この玄関から向かって左の八畳間が木下熊雄の部屋で、亡くなったときもこの部屋だったという[88]（**図４―９**）。この別宅には、木下熊雄の長兄・弥八郎の息子である木下順二が伊倉で滞在し、戯曲『夕鶴』を書いたことを示す案内板が立てられている。

図 4-8　旧肥後伊倉駅
（筆者撮影 2010）

図 4-9　木下熊雄兄・弥八郎別宅　玄関部分当時のまま。熊本県玉名市伊倉
（筆者撮影 2010）

木下家の菩提寺は伊倉の「光専寺」であるが[36]、木下家一門の墓所はこの寺ではなく、伊倉南方鍛治屋町の坂を二〇〇メートル下った西側の工藤歯科医院の駐車場の脇を登ったところにあり[60]、伊倉平ノ畑[23]に西の有明海の方向を向いて建っている（**図4―10a、b**）。加藤清正の時代の四〇〇年以上前までは、この墓所がある伊倉の崖近くまで海があったという（第五章参照）。墓守としてすぐそばに木下末男氏が住んでおり、また墓自体は木下順二の姪（木下順二の実兄国助と妻〈藤瀬〉咲子〈サキ〉の娘・冱子氏）の嫁ぎ先の吉田家が管理している[86]。

木下順二はこの木下家累代の墓地について、「墓地に出ると、突然びっくりするように眼界がひらけ、眼の下に広く広く見はるかされる水田、それが地主たるわが家の〝領地〟だが、遥か彼方にその水田が終わるところは有明海であり、晴れた日には、有明海を越して西南のかた四十キロほど向こうに、雲仙岳が絵に描いたように眺められる」と書いているが、現在は木々が茂り、有明海を見わたすことができない。景色としては、同じく高台にある伊倉小学校から西南方面を眺めた景色と同じような風景が見ることができたと思われる（**図4―11**）。

かつては菊池川河口の港町であり、菊池川の支流の唐人川が伊倉の横を通っていた。伊倉の丹倍津《にべつ》跡は中世安土桃山時代の天正（一五七三～一五九一）以前までは、唐や明などとの国際貿易港として栄えた。舟をつないだ石や唐人町にある伊倉五山の一つ、旧桜井山安住寺の樹齢推定七〇〇年の「唐人船繋ぎの銀杏」と呼ばれる銀杏の大木がいまも残されている（第五章参照）。

有明海はほとんど遠浅で、泥質の干潟ではなく、砂質の干潟が中心の浜が広く続き、どちらかといえば単調であり、昔からアサリ・ハマグリなどの採貝漁やエビやカニ漁が盛んであった。また、有明海で最初

図 4-10　木下家一門墓所 熊本県玉名市伊倉
a. 墓所左側全体。後列一番左：木下熊雄
b. 木下熊雄の墓　（筆者撮影 2010）

図 4-11　伊倉小学校から有明海方面
左側手前が干拓地の水田と右側写真外が木下一門墓所方向、奥中央が雲仙岳。雲仙と水田の間が有明海である。（筆者撮影 2010）

に「海苔」の養殖が行なわれたのは菊池川河口部であった。人工採苗が普及するまでは、有明海沿岸の海苔養殖業者は、菊池川河口部の天然の海苔採苗地の権利を買って採苗したという。[63]「唐人船繋ぎの銀杏」の目の前には、木下家が場所を提供した有明海苔の工場があったといい、[86]いまでもＪＲ「肥後伊倉駅」のすぐ近くに、一九一四年創業の「浦島海苔」が操業している。[86]

伊倉町内には縄文時代から古墳時代、中世にわたって「唐人町貝塚」「城が崎貝塚」など、多くの遺跡群が残っている。貝塚のつくられた縄文時代から、天正一七年（一五八九）に加藤清正（安土桃山時代の武将。築城・治水の名人。一五六二〜一六一一）が「菊池川」の流路を変える工事に取り掛か

り、その後細川氏に引き継がれて一九六七年（昭和四二）まで続いた「玉名横島干拓」で完全に失われるまで、有明海を目の前にした港町伊倉を支えていた海に依拠した生活が続いていたことがわかる。[13・14]これについては「第五章」で詳しく述べる。

木下家の系譜――伊倉木下家

木下熊雄の生家である木下家は、この伊倉の「惣庄屋」を務めており、熊本の名家の一つとされる。木下家は熊本県菊池市今の菊池木下家と、同じく玉名市伊倉の伊倉木下家があり、お互い複雑な姻戚関係にある[23・46・73]（**表4―1**）。

「伊倉木下家」は、加藤清正の時代（一五八八年〈天正一六〉～一六一一年〈慶長一六〉）の豪刀武用刀として知られ、熊本城の常備刀であった同田貫《どうだぬき》派の刀鍛冶、初代・左馬之介清国を祖とする。伊倉南方西屋敷に鍛冶屋町遺跡が残されており、その場所が惣庄屋木下家の屋敷であった。ここを管理しているのは、現在は佐賀に在住の木下正範氏であるが、【**表4―1**】の家系図のどの人物と姻戚関係にあるかは不明とのことである。[85]木下家屋敷跡は、港の丹倍津《にべつ》跡から西の御幣振坂を通り、直線道が屋敷跡の前を通る場所に位置している（**図4―12**）。

苗字帯刀を許されたのは木下慶吉の代の一八〇三年（享和三）であり、そこから「木下」を名乗るようになった。慶吉の子・初太郎（一八〇四〈文化元〉～一八八六年〈明治一九〉）は、中富手永・南関手永・坂下手永の惣庄屋を歴任した。この初太郎が、木下熊雄の祖父にあたり、また劇作家の木下順二の曾祖父にあたる[60・36]（**表4―1**）。

「惣庄屋」とは、手永を統轄する役職のことをいい、代官を兼ねている士族身分である。「手永」とは、加藤氏のあと、細川氏が肥後に入国後つくられた細川藩独自の制度であり、いまの市町にほぼ相当する。一つの手永は、ふつう数カ村から十数カ村より成り、惣庄屋は地域内の「庄屋」を藩に推薦する立場であり、庄屋を指揮して手永を統括していた。つまり、肥後細川藩においては、「郡方奉行」（郡代）―「惣庄屋」（代官）―「庄屋」―「組頭」―「百姓」、という制度で管轄されていた。伊倉は小田手永に属していたが、木下家は上記のとおり、屋敷のある地元・小田手永の惣庄屋ではなく、他の地域の手永（中富、南関、坂下）の惣庄屋に就任していた。

図4-12　惣庄屋木下家屋敷跡石垣（筆者撮影 2010）

　一八七〇年（明治三）七月に惣庄屋制は解体され、手永も「郷」と改称された。初太郎もこれに伴い、惣庄屋の任を解かれ、同年五〇人ほどを相手とする「私塾」を自宅で開いている。また一八七三年（明治六）には、伊倉小学校開校に伴い「教師」を仰せ付けられており、その後、一八七八年（明治一一）には伊倉学校幹事も兼務した[23]。

　惣庄屋解体は木下熊雄の生まれる一一年前のことである。しかしながら、それ以降も小作制度は続いており、小作米納入の時期になると、惣庄屋であった木下家には荷車に積んだり、馬につけたりして、小作

米の米俵が続々と運び込まれたという。[88・36]
この初太郎の長女・那智（奈智）に、菊池木下家（後述）の木下韡村の実弟・助之（徳太郎・助之允、一八二五〈文政八〉～一八九九年〈明治三二〉）が養子に入る。長男・弥八郎の母は菊池木下家、初太郎の娘・那智（奈智）であるが、次男・季吉、三男・熊雄の母は福島氏・友である。つまり、木下熊雄は劇作家・木下順二の父、木下弥八郎（第一一代伊倉町長・東京大学農学部卒・農商務省）の母親違いの弟で、木下順二にとっては叔父にあたる（**表4―1**）。

木下順二は、自叙伝的小説『本郷』で「三人のおじさんが本郷にいた」として、木下兄弟と母（佐々三愛子（一八七九～一九七二）の実兄で江戸文学研究者、佐々醒雪（一八七二～一九一七）のことを書いている。[36・19・79・90] なお、木下順二の母はときどき「三愛」となっているが、熊本県玉名市の戸籍謄本によれば、「三愛子」となっているとのことである。[90]

初太郎の実弟の「竹崎茶堂」（木下律次郎、一八一二年〈文化九〉～一八七七〈明治一〇〉）は、やはり惣庄屋・竹崎次郎八の養子となっている。上益城郡惣庄屋矢嶋氏の順子（一八二五〈文政八〉～一九〇五〈明治三八〉）を妻とする。竹崎（矢嶋）順子の妹久子（一八二九～一九一九）は、葦北惣庄屋「徳富一敬」（萬熊、一八二二〈文政五〉～一九一四〈大正三〉）の妻であり、思想家・ジャーナリスト「徳富蘇峰」*（猪一郎）、小説家「徳冨蘆花」*（健次郎）の母である。さらにその妹つせ子（一八三一～一八九四）は、政治家・思想家の熊本実学党「横井小楠」*（一八〇九年〈文化六〉～一八六九年〈明治二〉）の後妻である。[40] 熊本県玉名市立歴史博物館『こころピア』の木下順二氏寄贈[44]「木下家文書」の中には、木版刷の横井小楠の書や横井小楠から木下熊雄の祖父・初太郎に宛てた書簡も収められている。

竹崎茶堂、徳富一敬、そして竹崎（矢嶋）順子の兄・矢嶋氏長男、矢嶋源助（直方）は全員、横井小楠に師事する「熊本実学党」の門下である。矢嶋氏六女が、宮内庁・日本キリスト教婦人矯風会の*矢島楫子《かじこ》（一八三三年〈天保四〉～一九二五年〈大正一四〉）である。

木下熊雄の母違いの長兄である弥八郎の長男・国助（※一九〇一～一九三一、国立天文台技師）が亡くなったのは一九三一年（昭和六）六月一五日であった。木下順二は木下弥八郎の後妻（佐々）三愛子の次男であり、長男亡きあとは弥八郎の次男として、本来は惣庄屋の跡取りとなるはずであった。しかし、明治から昭和にかけて当時流行であった共産主義的思想に傾倒し、弥八郎とも対立していた気配のある次兄・国助、および母方の長兄・不破武夫（※一八九九～※一九四七、九州大学教授・学習院次長）にも影響も受けていた順二は、自著『本郷』において、庄屋制度に対して「古い封建制としてかなりな抵抗がある」ことを綴っている。

それはいささか病的で、順二は「〝家〟（イエまたケ）という観念と実体とに強い嫌悪」を感じており、単に街を歩いていて「〇〇家葬儀場」という立看板を見かけたり、ホテルで「〇〇家御結婚式場」という表示板が眼に入ったりするだけで「不快になる」ことも告白している。[36] そういった感情も含め、順二はさまざまな理由から最終的に跡取りを放棄している。結果、木下家の跡取りは、弥八郎の先妻の長男・国助が亡くなった八日後の一九三一年六月二三日に熊本で生まれた国助の娘、冱子が継ぐこととなった。[36・19・75]

ちなみに「冱」という名前の命名の由来は、天文台の技師であった国助が、生まれる子供が男であったら「太陽に因む名に」、女であったら「月に因む名に」と言い残したことによるそうである（熊本日日新聞（夕刊）、川べりの散歩「K兄さんのファンタズマ」）。残念なことに、冱子氏が婿取りではなかったため、伊倉木下家の直系の苗字はここで絶えてしまった。後日談であるが、筆者は二〇一一年にその迈子氏および吉田正憲氏に直接お会いする幸運に恵まれた。お二人の話によると、迈子氏のご子息が祖母の養子となり、木下家の名を継いだとのことである[89]（ここに訂正させていただく）。

とはいえ、順二の父・木下弥八郎は、決して地主として不遜な領主風を吹かせていたのではなく、小作人ともきわめて自然な態度であり、そこに〝冷たい〟感じはなかったという[36]。木下順二が「封建制度」に対して、そこに非人間性を感じる気分はむしろ、時代と彼自身の内部にあったと推察される。

事実、順二の母・三愛子も織田信長、羽柴秀吉に仕えた肥後国主・佐々成政の弟の後裔で、封建制度の中心にいる側である。木下順二の異母兄・国助氏の長女迈子氏の夫である吉田正憲氏は、順二が熊本で父母の弥八郎・三愛子と暮らした家は、油絵が飾られ、兄・国助はピアノをひいたりしていたという事実から、「それほど旧式な一家でもなかったろう」と記している[78]。「第五章」でも述べるが、このような木下家の環境は、現実としては古い封建制とはほど遠いといえる。ただ、物庄屋としての責任はあった。吉田氏は、順二が「旧家ゆえの重い『家』のくびき」と述べたのは恐らく意識的、と指摘しているが、順二本人も、太平洋戦争敗戦後のマッカーサー占領政策が、「家」に対する自分の理由づけを正当化する意識に〝後ろめたさ〟を感じたとしている[36]。江戸時代の二六〇年間にわたる、安定した日本の国内政策の有効性の再評価、および本章の導入部に書いた江戸時代の「東洋の博物誌」の再評価にも通じるといえる。

木下順二は、一般的には郷里の熊本・伊倉とは距離をおいていたと考えられているようである。しかし、最晩年の一九九四年（平成六）五月、伊倉町のある玉名市に熊本県玉名市立歴史博物館『こころピア』がオープンした際には木下家所蔵の品々や文献を寄贈し、記念講演も行なっているし、取材に何度も玉名を訪れている。
木下順二の郷里伊倉に対する想いは、熊本中学二年生の夏休み（昭和四年八月）のときに仕上げた「伊倉町誌」という、順二最早年の原稿用紙一三九ページにわたる「作文」に示されていると思う（**図4－13**）。その冒頭は以下のとおりである。

「伊倉町誌」　木下順二　昭和四年八月　熊中二ノ二

第一編　郷土地理

第一章　区域

第一節　位置

伊倉町は玉名郡の南部にあり、高瀬町をへだたる南東約一里のところにある。町の東及び北は起伏に富んだ八嘉村の丘陵で、町自身も亦その内の一丘陵の上にあるのである。つまり町は八嘉臺の西南端の丘陵上にあるわけだ。西は豊水村に連り、南は玉水村、有明海の嶋原海湾を隔て、嶋原半嶋の中央に吃《ママ》立する日本新八景の一、温泉岳（一三六〇米）の雄姿に接する事が出来る。

（熊本県立玉名市立歴史博物館『こころピア』所蔵。木下家文書〈木下順二寄贈資料草稿291〉）

一方、木下熊雄の実兄・木下季吉博士は東京帝國大学教授で、ラジウムなど放射性物質の研究をしていた。[23] 木下順二の記憶では熊雄より六歳年上となっているが、犬童美子氏によると四歳年上である。東京では東京大学のある本郷曙町に住んでいたという。二〇代の末（一九〇五年前後？）から数年間、ニュージーランド（イギリス）のラザフォード（Ernst Rutherford、一九〇八年ノーベル化学賞受賞。一八七一～一九七三）、ドイツ・シュタルク（Johannes Stark、一九一九年ノーベル物理学賞受賞。一八七四～一九五七）について学んだという。[36] ラザフォード博士の研究室での写真は、木下季吉博士の子孫宅に残されているという。[87]

木下熊雄が一九一一年（明治四四）に、「卵の発生に及ぼすラヂウム放射線の影響に就て」という報文を発表しているが、[32] これはまさに兄・季吉の影響といえるだろう。当時の日本において、このような斬新な実験を試みようとした生物学者は木下熊雄ただ一人である。

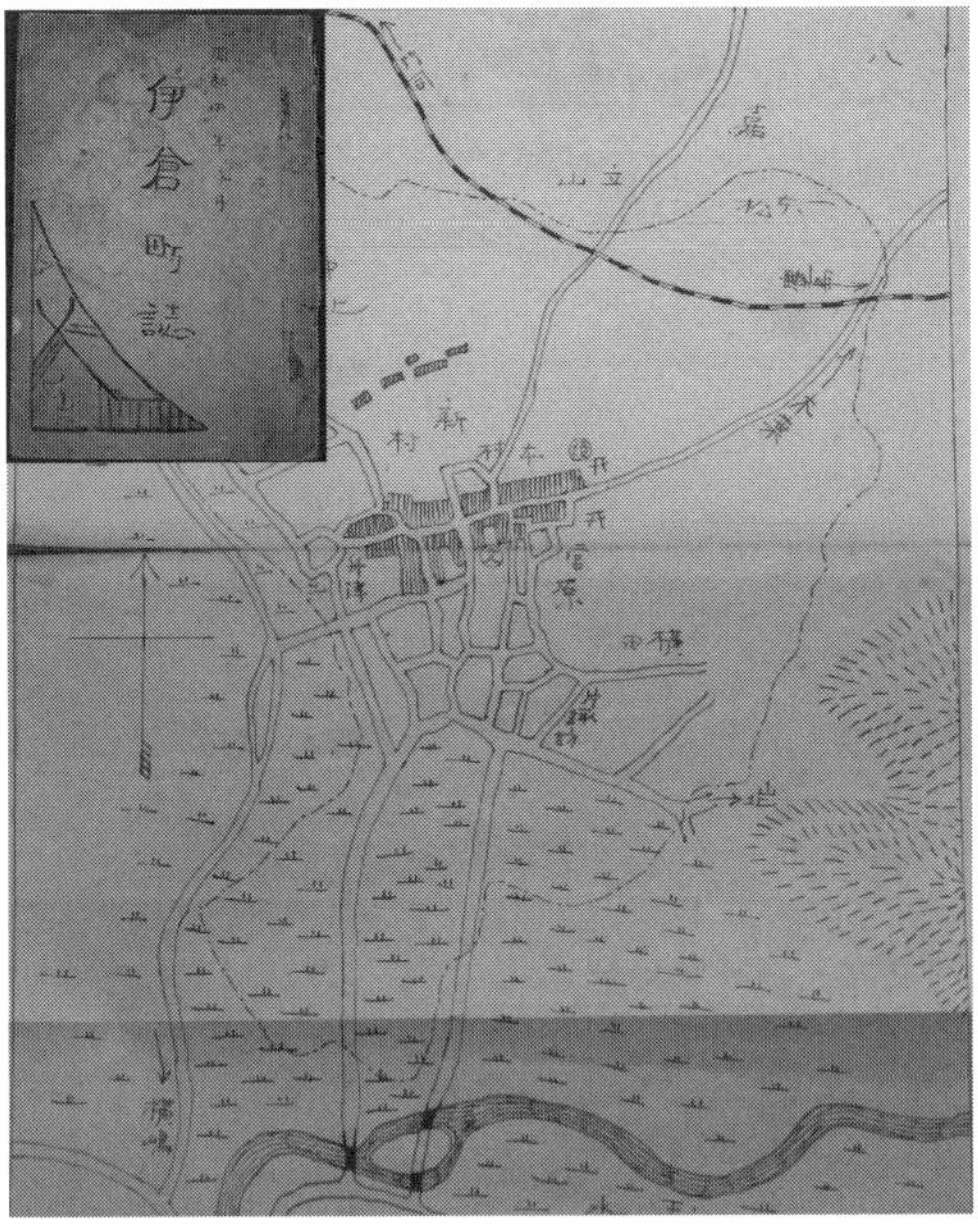

図4-13　「伊倉町誌」表紙（上）。木下順二の手による。（下）木下順二による手描きの伊倉町広域地図（本文中の豊水村が図の左側に描かれている）（熊本県立玉名市立歴史博物館こころピア所蔵　木下家文書（木下順二寄贈資料）草稿 291）（筆者撮影 2011）

〈編集部註〉

＊徳富蘇峰　一八六三～一九五七。熊本洋学校をへて同志社に入るが中退。一八八七年民友社を創立、雑誌『国民之友』『国民新聞』を創刊し、自由・民主・平和を基調とする平民運動を提唱。日清戦争を境にして国家主義に転じ皇室中心主義を主張。一九四二年大日本言論報国会会長に就任、文章報国を唱えた。著に『吉田松陰』『近世日本国民史』など。

＊徳冨蘆花　一八六八～一九二七。同志社中退。蘇峰の弟で民友社に参加。『不如帰』（ほととぎす）を『国民新聞』に連載し、名声を得た。熱心なキリスト教徒となり、トルストイに心酔、宗教的生活に沈潜した。長年兄蘇峰と不和であったが死の直前和解した。

＊横井小楠　一八〇九（文化六年）～一八六九（明治二年）。名は時存、通称平四郎。儒学・洋学を修め海外情勢に明るく「熊本実学党」を結成。塾生第一号は蘇峰・盧花の父・徳富一敬。一八五八年越前藩主松平慶永の政治顧問となり、殖産興業・開国貿易の必要を説

き、富国強兵をめざす藩政改革を指導。その政策指針は『国是三論』にまとめられた。維新後明治政府の参与となるが、開明的識見のゆえに保守派に暗殺された。

＊矢島楫子　一八三三～一九二五。徳富蘇峰・蘆花の叔母。一八七二年上京、教員伝習所に学び小学校に奉職。一八八九年女子学院の初代院長となり一九一四年まで在職。日本基督教婦人矯風会を組織。廃娼運動を展開した。

菊池木下家

熊雄、季吉、弥八郎三兄弟の父、木下助之（幼名・徳太郎、初名・助之允）は菊池木下家・木下衛門の四男で、伊倉木下家に養子に入っている。助之本人も初太郎を継いで、江戸時代は玉名郡内内田手永惣庄屋・南関惣庄屋・細川藩会計局主計を務め、伊倉で「木下塾」を創設した。明治になってからは、東京府大属（明治五年）、熊本県議会議長（明治一二年）、玉名郡長（明治一三～一六年）、第一回帝国議会衆議院議員（明治二三年）を務めている。[36・46・73]

父・助之の長兄つまり熊雄の伯父が、菊池木下家の木下韡村（幼名・宇太郎、名・業廣、字・子勤、通称・真太郎、号・犀潭。一八〇五年〈文化二〉～一八六七年〈慶応三〉）である。[23] 熊本県菊池市今で、私塾を開いていたが、その後肥後藩主斎護侯、および世子慶前の判読となり、江戸詰であった。一八四八年（嘉永元）に熊本藩藩黌・時習館訓導となり、熊本の坪井新道に家塾「韡村書屋」、通称「木下塾」を創設した。この塾は一八四九年（嘉永二）一二月からは「官塾」となり、一八六七年（慶応三）までの二〇年間つづいた。[23]「木下塾」での塾生は九〇〇人に及んだが、その中でとくに「木下門下の四天王」と呼ばれた四人が、＊「井上毅《いのうえこわし》」（号・梧陰。一八四三年〈天保一四〉～一八九五年〈明治二八〉）、「竹添進一郎」（号・井々。一八四二年〈天保一三〉～一九一七年〈大正六〉、大蔵省官僚、外交官、東京帝國大学教授）、「古庄嘉門」（号・火海。

一八四〇〈天保一一〉～一九一五〈大正四〉、第一高等中学校《東京大学》校長、第一回衆議院議員、台湾総督府内務部長、群馬県知事、貴族院議員）、「木村弦雄」（号・邦舟。一八三八年〈天保九〉～一八九七年〈明治三〇〉、熊本中学校校長、熊本師範学校《熊本大学教育学部》校長、宮内省御用係、学習院幹事、第三代熊本濟々黌校長）であった。[46] また、明治天皇侍従長・陸軍中佐「米田虎雄」も木下塾の門人である。木下順二の残した木下家文書は、熊本県玉名市立歴史博物館『こころピア』に所蔵されているが、井上毅から木下助之への書簡も多く含まれている。[42]

「木下塾」では優秀な成績をあげる者があれば、藩黌「時習館」に入学することが可能であった。木下熊雄の父で木下順二の祖父・助之も、開塾すぐの嘉永二年三月に木下塾三人目の入塾生として学んでいる。[23]「木下塾」は、木下順二の嫌悪していたイメージの封建主義とは対極の、身分や格式にこだわらず入塾することができる自由な学風の官塾であった。この学風や教育の自由さは、韡村書屋の門下生の所属党派が、「学校党」「実学党」「敬神党」「民権党」など、多岐にわたっている事実からも示されている。

菊池市今での私塾「古耕精舎（古耕舎）」（第五章参照）は、韡村のあとを、韡村の弟、つまり助之の三番目の兄の「木下真弘」（通称・小太郎、号・梅里。一八二二〈文政五〉～一八九七年〈明治三〇〉）が継ぎ、江戸年間弘化三年（一八四六）から明治元年（一八六九年）まで、二三年間にわたって教育を行なった。真弘もまた藩校「時習館」訓導となり熊本へ、その後、一八七二年（明治五）から太政官官吏として内閣修史局・正院に勤め、「維新新旧比較表」[45]を編集した。これはおそらく*岩倉具視《いわくらともみ》の命と思われる。[46] 木下家文書に、岩倉具視から木下助之宛の書簡が残されている。[43]

菊池木下家・韡村の長女・鶴が、韡村書屋の門下、井上毅の妻であり、韡村の次男に第一高等中学校

（東京大学）校長・京都帝国大学の初代総長の「木下廣次」がいる。廣次の妻は、伊倉木下家の助之の娘・常（徒袮）、つまり木下熊雄の母違いの姉である。京都大学大学文書館「木下広次関係資料」[65]に、木下熊雄が発信者の書簡が残されている。また、前述の木下順二に代わり跡を継いだ国助氏長女・迈子氏宅には、井上毅などの短歌の短冊があるとのことである。[90]

熊雄の甥・廣次と熊雄の姉・常の息子たちは、長男・「木下正雄」はロンドン大学講師・理化学研究所所員の博士[69・46]、次男は東宮侍従・皇后宮事務官・内匠頭・皇后宮大夫兼昭和天皇の侍従次長の「木下道雄」である。[46] 道雄の妻には、再び伊倉木下家・弥八郎の娘・木下熊雄の姪・木下順二の母違いの姉・静子（シズ）が嫁いでいる。[19] また菊池木下家の分家から、昭和天皇の皇后（香淳皇后）の女官長・原田（木下）律子（※～二〇〇五）が出ている。[46]

〈編集部註〉

＊井上毅　一八四三～一八九五。熊本藩出身。藩校時習館、大学南校に学び一八七一年司法省に入省。翌七二年渡欧、帰国後岩倉具視・伊藤博文らに重用され、大日本帝国憲法の起草・制定に尽力。枢密顧問官・文部大臣を歴任。軍人勅語・教育勅語の起草にも参加した。

＊岩倉具視　一八二五～一八八三。公卿出身。公武合体を唱え和宮降嫁に尽力。のち尊王倒幕派と結び、一八六七年明治天皇のもとで王政復古のクーデターを成功させた。明治新政府の参与・右大臣などの要職を歴任し、一八七一～七三年岩倉使節団を率いて欧米を視察。帰国後は、征韓論に反対、民権運動に対しては井上毅に天皇制擁護のため欽定憲法の原則を起草させ、皇室財産確立を意図するなど、近代天皇制の確立に務めた。

木下熊雄とその世界

あらめて木下家の「家系図」を見ると、幕末から明治・大正・昭和にかけての日本の、ありとあらゆる分野に木下家の痕跡が残されている。惣庄屋、肥後藩主判読、肥後藩校・時習館訓導、細川藩会計局、帝国議会衆議院議員、熊本県議会議長、太政官官吏、帝國軍人、放射線、天文学、物理学、動物学、昭和天皇の侍従次長、香淳皇后の女官長、熊本実学党、学校党、旧制第五高等学校教授……。一門から輩出されたこれら錚々たる人材は、明らかに幕末、開国から明治において流入してきた大量の西洋文明に媚びることのない技術知識の導入と、江戸の知識・体制と西洋文明との融合に大変な役割を果たしている。

このなかで、科学分野で二〇一四年現在においても、論文が「引用」され続けているのは木下熊雄である。木下家の活躍する分野があまりにも多岐にわたるがゆえに、同分野の学問を学んだ人物がいない。また文系では、一般的に自分のことを書き記す傾向があるが、理系は専門論文しか残さないことが多く、いわゆる教授とならなければ、弟子がその人となりや学術上の意義を説明してはくれないものである。

木下熊雄の場合は、当時、日本国内では研究の内容が分かる可能性があったのは、生物学者として同じ刺胞動物の仲間を研究していた「昭和天皇」ぐらいだったかもしれない。明治天皇の侍従長が木下韡村書屋の門下であったり、昭和天皇の侍従次長や、皇后の女官長が木下家のものであった関係もあるのだろうが、昭和天皇に御進講という話が持ち上がったということもあったらしい。ただ「おれがとは専門的で難しすぎるけん、もすこし易しかとがよかろう」と断ったという。[79] また「自分は大学教授などには断じてならないぞ」と断言していたともいう。[67・69]

これらの逸話も、熊雄の叔父の木下韡村が、一八六二年（文久二）に、江戸幕府直轄の儒学・漢学の教学機関「昌平黌」（昌平坂学問所）教授にしようとする幕府からの命令に対して、これを固辞して熊本に帰国してしまった逸話とも、どこか重なる。またスケールが違うが、甥の木下順二がさまざまな理由をつけて、徹底的に家督を継ぐのを拒否した姿も、これに通じるのかもしれない。

この理屈っぽさは、木下家の特徴といってもいいかもしれない。東京帝國大学動物学教室の後輩・大島廣は、木下熊雄について「闘志満々、後輩を〝教育〟するのに毫も仮借しないおそろしい存在だった。頭が鋭く、大抵の人間がバカのようにみえるらしく辛辣に人を批判する。元気者で昼間は潜水採集の指導で鍛えられ、夜は宗教論などで理窟攻めにあった」という、熊雄の文武両道ぶりと、その理屈攻めについて回想している。

また、木下順二も同様に、熊雄が正座を崩さないまま、その日の新聞記事から旧約聖書創世記、老子、有限と無限エネルギーと物質の区別について、など、時事から宗教から物理学・数学まで、広い話題を展開され、「さぞぼくはばかに見えているんだろうなあ」と思い、熊雄の前に坐ることによって、その後も感じる理由のない微かな劣等感が形成されたのではないか、と自己分析している。[36]

木下順二は、熊雄について「あることに賛成する場合でも叔父さんは必ず色々と理屈を並べるから、では反対なのかと思っていたら実は賛成なのだったというふうであった」と記し、非常に〝肥後もっこす〟的性格であったとしている。[36] その一方で、木下順二自身もその木下家の特徴を引いていたようで、親しい家族からの手紙には答案のように「赤字で訂正箇所に線を引いて示して返事を出した」、という逸話が残っている。[77]

木下熊雄は、その理屈っぽさや、人に劣等感を感じさせる独特の雰囲気があったとみられるが、その一方で、勇ましい名前に似ず話し好きで、思いやりのある人物としても回想されている。[81]

木下順二が木下家の跡を継ぐのを拒否したのちに、跡取り娘となった娘・迺子を育てていた国助の未亡人・咲子（サキ）に、四国の丸亀から引きあげてきた熊雄が、当時としては最先端のルソーの教育論『エミール』を読むように勧めるなど、[81]木下家のほかの兄弟・親戚と同じく、ある意味先進的な博識さも持つ人物であった。先の大島廣も、熊雄と長く付き合ううちに「いくぶんお手柔らかになり、相当な待遇を受けるようになった」とのことで、晩年にはもっとも多く親しんだ人の二人のうちの一人として「木下熊雄」の名を挙げている。[67・69]

順二も熊雄のことを、「音でいえばゴンまたはゴーン、時としてゴーンウォンウォンウォン」とも表していることから、厳しくも神経質な鋭さでは決してなかったのだと思われ、また、彼独自の思考方法と生活様式を確乎として自分の内に持っていて、それが「不思議な魅力を感じさせていた」と述べている。[36]しかし時には、木下熊雄の理屈や説明が通用しないこともあった。漁夫に対して、和船の櫓《ろ》の鞘《さや》の断面の曲線の流体力学的効率が悪いことについて説明した際には、いつものように説明を尽くしても通じず、結局、みずから図面を引き、鍛冶屋へ行き、力学的に理想的な金属の鞘《さや》を作らせて、漁師の櫓《ろ》に嵌《は》めたそうである。[36]

「櫓」というのは、和船において船を漕ぐための、ボートにおける〝櫂《かい》〟に相当するものである。汽船のプロペラと同じ流体力学の揚力理論にのっとって船を動かす[21]（図4―14、図2―7、図2―8、図2―9＝第二章）。これは「第五章」で述べる木下家が、そもそもは鍛冶《かじ》であったことと深く関係していると思われる。

一九三三年（昭和八）、定年前に東京帝国大学を退官した実兄の季吉も、晩年は大工のようであり、精巧な机やら椅子やら箱を作る木工技術があったことなどが知られている。[36]熊雄・季吉・弥八郎の父の助之も、鍛冶として熊雄の祖父・初太郎とともに幕末に藩から依頼され、大規模な鉄砲製作を行なったという。[73]

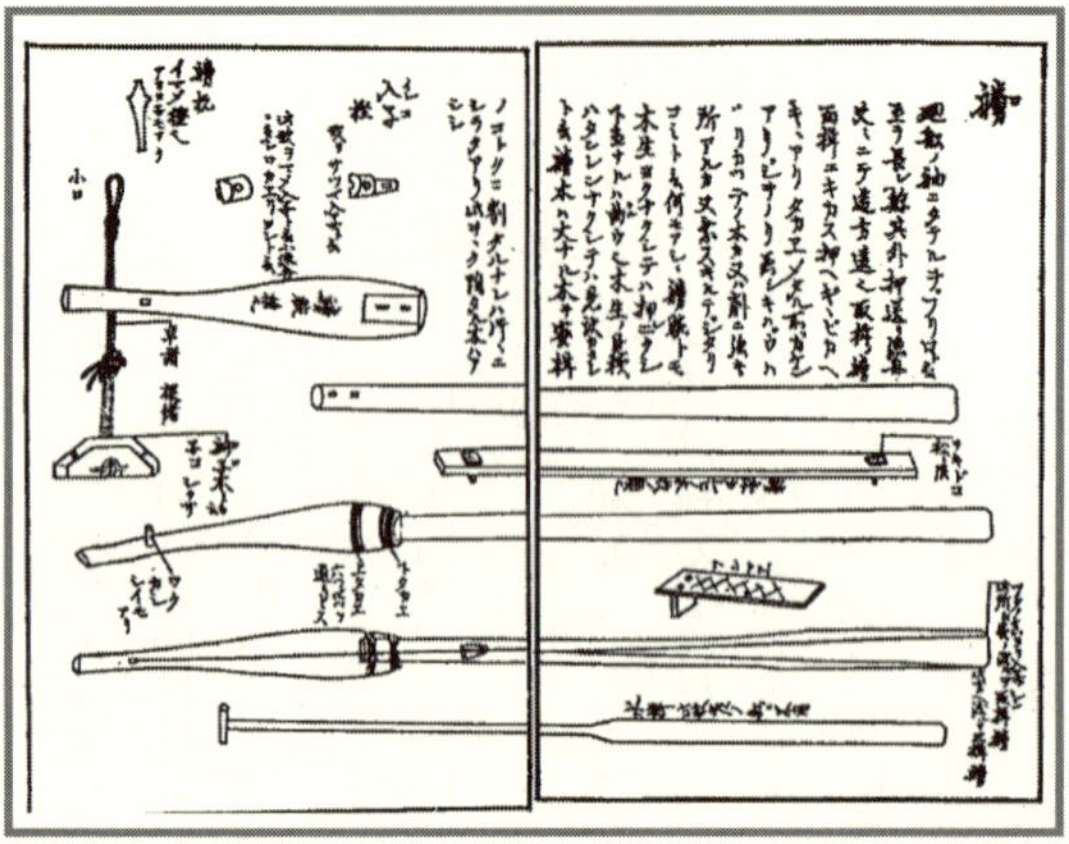

図 4-14　櫓の説明図　（「今西氏家船縄墨私記」石井 1995 より引用）

木下家は、元は「刀鍛冶」が発祥の家系であり、熊雄本人も〃彫刻〃が得意だったという話もある。[88]この漁夫のエピソードひとつを見ても、知識や学問を実際の「実学」に応用する熊雄のものづくりとしての姿勢が浮かびあがってくる。

熊雄本人は、自分のことについて「日本より外国で認められている」といっており、現在においても日本より、外国でのほうが認められている。大百科事典『エンサイクロペディア・ブリタニカ（Encyclopedia Britannica）』にも「名前が載った」とぽつりといったことがあるとのことで、木下順二によると、おそらく一九二二年の「第一二版」あたりではないかとのことである。[36]「木下熊雄」はたしかに、現在まで世界的に研究者として名前が残っていることから、『ブリタニカ』（または同様の事典）の「第何版」に名前が載っているということも確認することができると思われる。なお、物理学者であった兄の「木下季吉」も、熊雄の次の版の『ブリタニカ』に名前が載ったという。[36]また、信憑性についてははなはだ不明であるが、進駐軍総司令官マッカーサーが日本に降りたったときに、「ドクター・クマオ・キノシタはお達者か」と問うた、などという逸話も残されているようである。[60]

マッカーサーはともかくとして、『ブリタニカ』のほかにも、当時、木下熊雄の論文が出版された数年後に、ドイツで出版された論文に木下熊雄の論文が引用されており、また熊雄本人も世界各国の論文を引用して論文を執筆するという、今の科学界と同じルールにもとづいて研究を進めていた。また、当時論文を引用したドイツ人の八放サンゴ研究の動物学者・キューケンタール（W. Kükenthal）は、一九一三年の新種記載の際に木下に献名して〈*Callogorgia kinoshitae* Kükenthal, 1913〉という種名をつくっている。[48]このキューケンタールが一八九八年に書いた「動物学」の教科書は、現在もドイツの動物学教科書として改訂されながら使用され続けており、日本からも「Amazon」などで購入することができる。

また、先のスミソニアン自然史博物館のF・M・ベイヤー博士も〈*Arthrogorgia kinoshitai* Bayer, 1952〉、内海富士夫博士も〈*Paratelesto kinoshitai* Utinomi, 1958〉という〝種〟を木下に献名している。[16・74]この〈*Kinoshitae*〉または〈*Kinoshitai*〉という種小名は、今後、研究が進んでも永遠に科学の世界に残り続けるものである。

論文の書かれた当時も、そして現在も、木下の論文はその論文の扱うさまざまな分野において引用され、参照され続けている。たとえば、熊雄の記載した新種の八放サンゴ亜綱オオキンヤギ〈*Primnoa pacifica* Kinoshita 1907〉を再検討した論文、[17]またロシアの黒サンゴの研究、ハワイ大学、ドイツのキューケンタールの調査をした研究者、スペインのやはり熊雄の記載した新種のサンゴの仲間の論文などがそうである。[18・53・58・55・82・83・84]

人の視点からみる

幕末から明治の移行期に、木下家はあらゆる分野にわたって日本を支える礎となった。「第五章」でくわしく述べるが、この木下熊雄のような東西両方の文明を橋渡ししたような人物が複数生まれている。それらは明らかに「封建制度」といわれた江戸時代の学問と知識の蓄積、そして教育の成果だったのではないだろうか。

西洋の学問は、人を切り離し、体系を追及し、ものの仕組みを解明することであった。[27・28]木下熊雄の論文は、英語・ドイツ語で書かれたものは、現在と同じ西洋文明ルールに則った進化系統も論じている学術論文である。一方、邦文のものや日常の会話は、論理的でありつつも、現実的なことがらから専門的なことまで、広い話題を飽きずかつユーモラスに展開する[36]「江戸博物誌」にも通じるところがあった。

現代の科学者は、西洋的学術論文を書くことができるようになったが、一方で、社会から科学者に対して要求されている生活と文化に関係して科学を説明する知識も能力も、（現在の科学者は）江戸時代の教育を受けた幕末・明治の人びとにはるかに劣る。いまこそ、科学者が江戸時代の「人の視点から見る」博物誌を再評価し、過去の遺産を再度学び、幕末から明治の人びとを今度は後ろから追いかけるべき時代に来ているのではないだろうか。

〈付記。文中の（※）は、年号が不明、または文献中の事象から筆者が計算〉

引用文献

〔1〕阿部宗明　一九四七「ショウサイフグ及びナメラフグに近いフグの一新型 Sphoeroides vermicularis radiatus form.nov. に就いて」動物学雑誌 (Zool. Mag.) 57(10):159-161
〔2〕Anonymous　一九〇四「会報　入会者」動物学雑誌 (Zool. Mag.)16(192):401-402
〔3〕Anonymous　一九〇六「動物学科第三年生の研究項目」動物学雑誌 (Zool. Mag.)18(214):126

〔4〕Anonymous　一九〇七a「動物学者の往来」動物学雑誌 (Zool. Mag.)19(224):183-184
〔5〕Anonymous　一九〇七b「動物学教室諸氏の動静」動物学雑誌 (Zool. Mag.)19(225)p.227
〔6〕Anonymous　一九〇八a「木下君の近況」動物学雑誌 (Zool. Mag.)20(236):228-229
〔7〕Anonymous　一九〇八b「木下熊雄氏」動物学雑誌 (Zool. Mag.)20(237):291
〔8〕Anonymous　一九〇八c「東京帝國大学理科大学紀要」動物学雑誌 (Zool.Mag.)20(239): 404
〔9〕Anonymous　一九一〇「東京動物学会記事」動物学雑誌 (Zool. Mag.)22(255):41
〔10〕Anonymous　一九一二「内外 彙報　木下博士の論文要旨」動物学雑誌 (Zool. Mag.)24(289):658-659
〔11〕Anonymous　一九四七a「会員名簿」動物学雑誌（Zool.Mag.)57(4):57-58
〔12〕Anonymous　一九四七b「会記　永訣」動物学雑誌（Zool.Mag.）57(8):131
〔13〕Anonymous　二〇〇八「玉名横島地区の干拓」農林水産省九州農政局　玉名横島海岸保全事業所 (http://www.maff.go.jp/kyusyu/seibibu/kokuei/19/kantaku/index2.html)
〔14〕Anonymous　二〇〇九「地域発 ふるさとの自然と文化　横島干拓四〇〇年の歴史　玉名市」2009.12.4　熊本県庁　熊本県地域振興部文化企画課　博物館プロジェクト班（http://www.pref.kumamoto.jp/site/arinomama/yokoshimakantaku.html）
〔15〕Anonymous　二〇一〇「くまもとの港　三角港　（みすみこう）」2010.7.9 熊本県庁港湾課総務管理班（http://www.pref.kumamoto.jp/site/kouwan/kouwan-topics-detail-pid3-id3.html)
〔16〕Bayer, Frederick M. 1952 "Two new species of Arthrogorgia (Gorgonacea: Primnoidae) from the Aleutian Islands region. Proc. Biol. Soc. Washington 65:63-70, pls.2-3.
〔17〕Cairns, Stephen D. & Bayer, Frederik M. 2005 "A review of the genus Primnoa (Octocorallia: Gorgonacea: Primnoidae), with the description of two new species. Bull. Mar. Sci. 77(2):225-256.
〔18〕Cairns, Stephen D. & Bayer, Frederik M. 2009 "A Generic Revision and phylogenetic analysis of the primnoidae. Smithson. Contrib. Zool.,629: 1-79.
〔19〕不破敬一郎　二〇〇八「木下順二と山本安英（一）」図書 12:24-31　岩波書店
〔20〕萩　慎一郎　二〇〇八「第九章　近代日本における珊瑚漁と黒潮圏」（岩崎　望編　二〇〇八「珊瑚の文化誌―宝石サンゴをめぐる科学・文化・歴史」東海大学出版会 p.201-240.
〔21〕石井謙治　一九九五「ものと人間の文化史　和船Ⅰ」法政大学出版局 pp.413
〔22〕今泉恂之介　二〇〇八「26　三角西港」日本経済新聞（夕）二〇〇八年一〇月三〇日
〔23〕犬童美子　二〇〇〇「木下家の一五〇年」くまもとの女性史　資料編、くまもと女性史研究会、熊本日日新聞情報文化センター
〔24〕磯野直秀　一九八七「モースその日その日―ある御雇教師と近代日本」有隣堂

〔25〕磯野直秀　一九八八「三崎臨海実験所を去来した人たち　日本における動物学の誕生」学会出版センター
〔26〕磯野直秀　一九九七「日本博物誌雑話(1)」タクサ 3: 12-16.
〔27〕磯野直秀　一九九九ａ「日本博物誌雑話(4)」タクサ 6:14-18.
〔28〕磯野直秀　一九九九ｂ「日本博物誌雑話(5)」タクサ 7:6-9.
〔29〕Kinoshita, K. 1907 "Vorlaufige Mitteilung uber einige neue japanische Primnoid-Korallen." Annot. Zool. Japon. 6(3):229-234
〔30〕木下熊雄　一九〇九ａ「射珊瑚類の系統發生及び其の分類」動物学雑誌 (Zool. Mag.) 21(245):116-125
〔31〕木下熊雄　一九〇九ｂ「動物の大きさの記載に付て」動物学雑誌 (Zool. Mag.) 21(249):284-288
〔32〕木下熊雄　一九一一「卵の発生に及ぼすラヂウム放射線の影響に就て」動物学雑誌 (Zool. Mag.) 23(275):511-516
〔33〕Kinoshita, Kumao 1913 "Beitraege zur kennthis der Morphologie und Stamme sgeschichte der Gorgoniden." 東京帝國大学理科大学紀要（Journ. Coll. Sci. Univ. Tokyo）32(10).pp.50, pl.13 (Ph.D. Thesis)
〔34〕木下熊雄　一九一四「八射珊瑚類の系統發生及び其の分類（四）」動物学雑誌 (Zool. Mag.) 26(303):7-9
〔35〕木下熊雄　一九一六「縁膜水母二種に於る觸手及聽胞の排列竝に生成の順序に就て」動物学雑誌 (Zool. Mag.) 28(337):425-451
〔36〕木下順二　一九八三「本郷」講談社
〔37〕木下順二氏寄贈木下家文書　家関係史料一－一「菊池木下家系譜」玉名市立歴史博物館こころピア所蔵
〔38〕木下順二氏寄贈木下家文書　家関係史料一－二「玉名木下家世系」玉名市立歴史博物館こころピア所蔵
〔39〕木下順二氏寄贈木下家文書　家関係史料一－三「合志系譜」玉名市立歴史博物館こころピア所蔵
〔40〕木下順二氏寄贈木下家文書　家関係史料九七一「横井小楠書（木版刷）」玉名市立歴史博物館こころピア所蔵
〔41〕木下順二氏寄贈木下家文書　草稿二九一「伊倉町誌　熊中二之二　木下順二著」玉名市立歴史博物館こころピア所蔵
〔42〕木下順二氏寄贈木下家文書　書簡四一八「書簡　差出人　毅、宛名　木下助之・木村弦雄」玉名市立歴史博物館こころピア所蔵
〔43〕木下順二氏寄贈木下家文書　書簡四五六「書簡（帰国を願う）　差出人　岩倉具視、宛名　木下助之」玉名市立歴史博物館こころピア所蔵
〔44〕木下順二氏寄贈木下家文書　書簡一〇五〇「書簡　差出人　横井平四郎、宛名　木下初太郎」玉名市立歴史博物館こころピア所蔵
〔45〕木下真弘　一九九三「維新旧幕比較論」岩波書店
〔46〕木下昭二郎　二〇〇九「鶯宿の里」熊本県菊池市
〔47〕Kükenthal, Willy 1915 System und Stammesgeschichte der Primnoidae. Zool.Anzeiger 46(5):142-158.
〔48〕Kükenthal, Willy 1919 Gorgonaria. Wissensch. Ergebn. deutschen Tiefsee-Exped. "Valdivia" 13(2):1-946, pls.30-89
〔49〕松原新之助　一八九一ａ「うみやなぎ」動物学雑誌 (Zool.Mag.) 3(31):210-211.

〔50〕松原新之助　一八九一ｂ「越王餘算」動物学雑誌 (Zool.Mag.) 3(36):424-425.
〔51〕松原新之助　一八九一ｃ「本邦珊瑚ノ産地」動物学雑誌 (Zool.Mag.) 3(36):425-426.
〔52〕松原秀明　一九八二「金毘羅への道」山崎禅雄編集　金毘羅庶民信仰資料集　第一巻　金刀比羅宮社務所
〔53〕Matsumoto, A. K. 2005 "Recent Observations on the Distribution of Deep-sea Coral Communities on the Shiribeshi Seamount, Sea of Japan." In: Freiwald A, Roberts JM (eds), 2005, Cold-water Corals and Ecosystems. Springer-Verlag Berlin Heidelberg, pp 345-356
〔54〕松本亜沙子　二〇〇七「深海のサンゴ礁」和歌山県立自然博物館第25回特別展解説書「刺胞をもつ動物　サンゴやクラゲのふしぎ大発見」p.46
〔55〕Matsumoto, A. K., F. Iwase, Y. Imahara, H. Namikawa. 2007 "Bathymetric distribution and biodiversity of deep-water octocorals (Coelenterata: Octocorallia) in Sagami Bay and adjacent waters of Japan." In. George, Robert Y. and Cairns S. (eds), "Conservation and Adaptive Management of Seamount and Deep-Sea Coral Ecosystems," Bull. Mar. Sci. 81(3) supp. 231-252.
〔56〕松本亜沙子　二〇〇九ａ「明治の熊本人 木下熊雄」熊本日日新聞二〇〇九年二月二十二日
〔57〕松本亜沙子　二〇〇九ｂ「深海・冷水域サンゴ（CWC）研究の現在」月刊海洋 464; 41(6):325-333. 海洋出版株式会社
〔58〕Matsumoto, A.K. 2010 "Estimation of in situ distribution of carbonate produced from cold-water octocorals on a Japanese seamount in the NW Pacific." Mar. Ecol. Prog. Ser. 399: 81-102.
〔59〕松本亜沙子　二〇一一「明治の西洋動物学の黎明――木下熊雄」比較文明研究 (JCSC)16: 103-129.
〔60〕松本重美　二〇〇三「小田手永会所」伊倉の歴史シリーズ　伊倉まちづくり委員会　ふるさと塾部会　非売品　平成15年 7月
〔61〕Morse, Edward S. "Japan Day by Day," Houghton Mifflin Co.,（石川欣一訳「日本その日その日」平凡社東洋文庫　一九七〇～一九七一
〔62〕小西四郎＆田辺悟 構成　一九八八「モース・コレクション／民具編　モースの見た日本」二〇〇五（普及版）小学館 pp.215
〔63〕中尾勘悟　一九八九「有明海の漁」　葦書房　福岡市、400p
〔64〕永澤六郎　一九一一「臨海倶楽部」動物学雑誌 (Zool. Mag.)23(276)p.594-595
〔65〕西山伸　二〇〇五「〈資料解説・目録〉「木下廣次関係資料」京都大学文書館研究紀要 3:79-127
〔66〕大島廣　一九四〇「三崎の熊さん」動物学雑誌 (Zool.Mag.)52(9)
〔67〕大島廣　一九五六「亡き兄弟子たち」中山書店月報 No.9
〔68〕大島廣　一九六〇「われら若かりき」（大島廣　一九六七「三崎の熊さん」自費出版　新教出版社）

〔69〕大島廣　一九六七「三崎の熊さん」自費出版　新教出版社
〔70〕庄境邦雄　二〇一三「さんごの海　土佐珊瑚の文化と歴史」高知新聞社 p.278
〔71〕鈴木克美一九九九「ものと人間の文化史91・珊瑚（さんご）」法政大学出版局 pp.362
〔72〕竹脇潔　一九八五「ミズカマキリはとぶ　一動物学者の軌跡　（付）磯野直秀　東京大学理学部動物学教室の歴史」学会出版センター
〔73〕玉名市立歴史博物館こころピア「木下家と玉名」玉名市立歴史博物館リーフレット
〔74〕Utinomi, Huzio 1958 "On some octocorals from deep waters of Prov.Tosa, Sikoku." Publ. Seto Mar. Biol. Lab. VII(1):89-100, figs. 1-8, pls.5-6.
〔75〕吉田正憲　二〇〇八年七月三十一日　熊本日日新聞（夕）川べりの散歩「K兄さんのファンタズマ」
〔76〕吉田正憲　二〇〇八年十一月二十日　熊本日日新聞（夕）川べりの散歩「ハーンの写真」
〔77〕吉田正憲　二〇〇八年十一月二十七日　熊本日日新聞（夕）川べりの散歩「ドンキ・ホーテ」
〔78〕吉田正憲　二〇〇八年十二月十一日　熊本日日新聞（夕）川べりの散歩「棘を抜く少女」
〔79〕吉田正憲　二〇〇八年十二月十八日　熊本日日新聞（夕）川べりの散歩「3人のおじさんたち」
〔80〕吉田正憲　二〇〇八年十二月二十五日　熊本日日新聞（夕）川べりの散歩「理系と文系」
〔81〕吉田正憲　二〇〇九年六月十一日　熊本日日新聞（夕）川べりの散歩「ルソーと「自然の教育」」
〔82〕Zapata-Guardiola, Rebeca & López-González, Pablo J. 2010a "Four new species of Thouarella (Anthozoa:Octocorallia: Primnoidae) from Antarctic waters." Scientia Marina 74(1):131-146.
〔83〕Zapata-Guardiola, Rebeca & López-González, Pablo J. 2010b "Two new gorgonian genera (Octocorallia: Primnoidae) from Southern Ocean waters. Polar Biol.33(3):313-320.
〔84〕Zapata-Guardiola, Rebeca & López-González, Pablo J. 2010c "Two new species of Antarctic gorgonians (Octocorallia:Primnoidae) with a redescription of Thouarella laxaVersluys, 1906."Helgol. Mar. Res. 64:169-180

<Personal Communication>
〔85〕木下正子氏（佐賀）　二〇一一年十一月十一日　熊本県玉名市伊倉
〔86〕松本重美・玉名市議会委員　二〇一〇年十月六日　熊本県玉名市伊倉
〔87〕村上晶子氏　二〇一一年十一月十日　熊本県玉名市立歴史博物館こころピア
〔88〕四ヵ所雪男氏　二〇一〇年十月六日　熊本県玉名市伊倉
〔89〕吉田正憲氏・迪子氏二〇一一年十一月十一日　熊本県玉名市伊倉、光専寺
〔90〕吉田正憲氏二〇一一年十一月十四日

参考文献（木下熊雄・論文リスト）

Kinoshita, K. 一九〇七 "Vorlaufige Mitteilung uber einige neue japanische Primnoid-Korallen." 日本動物学彙報 (Annot. Zool. Japon.) 6(3):229-234

Kinoshita, K. 一九〇八"Primnoidae von Japan." 東京帝國大學理科大學紀要 (Coll. Sci. Univ. Tokyo) 23(12):1-74, pls. 1-6.(卒業論文)

木下熊雄　一九〇八a「Gorgonacea の一科 Primnoidae に付て」動物学雑誌 (Zool. Mag.) 20(240):409-419.

木下熊雄　一九〇八b「Gorgonacea の一科 Primnoidae に付て（承前）」動物学雑誌 (Zool. Mag.) 20(241):453-459.

木下熊雄　一九〇八c「Gorgonacea の一科 Primnoidae に付て（承前）：第十八版付」動物学雑誌 (Zool. Mag.) 20(242):517-528.

Kinoshita, K. 1908 "Diplocalyptra, Eine Neue Untergattung von Thouarella (Primnoidae)." 日本動物学彙報 (Annot. Zool. Japon.) 7(1):49-60.

Kinoshita, K. 1909 "Telestidae von Japan." 日本動物学彙報 (Annot. Zool. Japon.) 7(2):113- 123, pl. 3.

Kinoshita, K. 1909 "On some muriceid corals belonging to the genera Filigella and Acis." 東京帝國大學理科大學紀要 (Journ. Coll. Sci. Univ. Tokyo) 27(7):1-16, pls. 1-2.

木下熊雄　一九〇九「Gorgonacea の一科 Primnoidae に就て（終結）（第一版付）」動物学雑誌 (Zool. Mag.) 21(243):1-10

木下熊雄　一九〇九「八射珊瑚類の系統發生及其の分類」動物学雑誌 (Zool. Mag.) 21(245):116-125

木下熊雄　一九〇九「動物の大さの記載に付て」動物学雑誌 (Zool. Mag.) 21(249):284-288

Kinoshita, K. 1910 "Über die postembryonale Entwicklung von Anthoplexaura dimorpha Kükenthal." 東京帝國大學理科大學紀要 (Journ. Coll. Sci. Univ. Tokyo) 27(14):1-13, 1pl.

木下熊雄　一九一〇「八射珊瑚類の系統發生及び其の分類（承前）（第十版付）」動物学雑誌 (Zool. Mag.)) 22(259):279-286

Kinoshita, K. 1910 "Notiz uber Telesto rosea." 日本動物学彙報 (Annot. Zool. Japon.) 7(3):209-211.

Kinoshita, K. 1910 "On the Keroeididae,a New Family of Gorgonacea,and Some Notes on the Suberogorgiidae." 日本動物学彙報 (Annot. Zool. Japon.) 7(4):223-230

Kinoshita, K. 1910 "On a New Antipatharian Hexapathes heterostichan.g.et n.sp." 日本動物学彙報 (Annot. Zool. Japon.) 7(4):231-234

木下熊雄　一九一一「動物體に及ぼす海水の壓力に就て」動物学雑誌 (Zool. Mag) 23(267):23-25

木下熊雄　一九一一「珍奇なる八射珊瑚 Bathyalcyon.（第二十三巻第三版附）」動物学雑誌 (Zool. Mag.) 23(269):121-124.

木下熊雄　一九一一「花蟲類 Anthozoa の系統」動物学雑誌 (Zool. Mag.) 23(273):369-376.

木下熊雄　一九一一「卵の発生に及ぼすラヂウム放射線の影響に就て」動物学雑誌 (Zool. Mag.) 23(275),511-516.

木下熊雄　一九一二「實験机の一新塗布料」動物学雑誌 (Zool. Mag.) 24(285),415-416.

木下熊雄　一九一二「八射珊瑚類の系統発生及其の分類（三）」動物学雑誌 (Zool. Mag.) 24(286):433-441.

木下熊雄　一九一二「新案高壓灰法」動物学雑誌 (Zool. Mag.) 24(287):485-487

Kinoshita K. 1913 "Beitraege zur kennthis der Morphologie und Stamme sgeschichte der Gorgoniden."「やぎ類 (Gorgoniden) の形態学竝に系統史への貢献ヤギ目ゴルゴニア科の形態学と系統発生について」東京帝國大學理科大學紀要 (Journ. Coll. Sci. Univ. Tokyo) 32(10),pp.50, pl.13（学位論文）

Kinoshita, K. 1913 "Studien uber einige Chrysogorgiiden Japans." 東京帝國大學理科大學紀要 (Journ. Coll. Sci. Univ. Tokyo) 33(2):1-47, pls. 1-3.

木下熊雄　一九一三「八射珊瑚類の一新科」動物学雑誌 (Zool. Mag.) 25(293):176-178.

木下熊雄　一九一三「附着性有孔蟲「ポリトレーマ」及近縁の二属」動物学雑誌 (Zool. Mag.)25(294), 215-217.

木下熊雄　一九一三「獨乙南極探検の八射珊瑚」動物学雑誌 (Zool. Mag.)25(294):217-218.

木下熊雄　一九一三「ヤギ類に於る軸骨の形成」動物学雑誌 (Zool. Mag.)25(294):222-224.

木下熊雄　一九一三「腔腸動物に於ける共肉の意義」動物学雑誌 (Zool. Mag.)25(294):228-230

木下熊雄　一九一三「質疑応答」動物学雑誌 (Zool. Mag.) 25(295):303-304.

木下熊雄　一九一三「金ヤギ類に於ける蛸體二形類似現象に就て」動物学雑誌 (Zool. Mag.) 25(300), 494-497.

木下熊雄　一九一四「八射サンゴ類の系統発生及びその分類（四）」動物学雑誌 (Zool. Mag.) 26(303):7-9.

木下熊雄　一九一四「いそきんちゃく Gonactinia prolifera SARS. の横分裂に就て」動物学雑誌 (Zool. Mag.) 26(306):192

木下熊雄　一九一四「クサビラ石 Fuugia の生殖法」動物学雑誌 (Zool. Mag.) 26(306):212-213.

木下熊雄　一九一四「動物の水壓感知」動物学雑誌 (Zool. Mag.) 26(307):276-277.

木下熊雄　一九一六「縁膜水母二種に於る觸手及聽胞の排列竝に生成の順序に就て」動物学雑誌 (Zool. Mag.) 28(337),425-451.

第五章

明治の西洋動物学の黎明

木下熊雄〈下〉

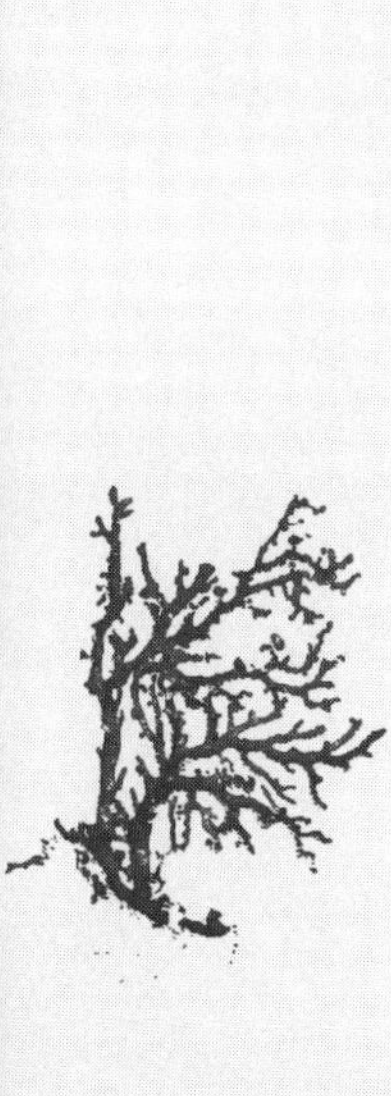

木下熊雄——そのグローバル性とネットワーク

本章は、明治の海洋動物学者・木下熊雄のグローバル性の背景について、熊本県玉名市伊倉という「町」と、父祖の菊池という「地」を中心に現在明らかになった点をまとめたものである。

木下熊雄は熊本県玉名市伊倉出身、一九〇三年（明治三六）から一九一四（大正三）の間、東京帝國大学（現・東京大学）理学部動物学教室に在籍し、一九一二年（大正元）に深海・冷水域の八放サンゴ類研究で博士号を取得した海洋動物学者である（**図5—1a**）。在籍中に二六本の日本語論文と報告文、八本のドイツ語論文、三本の英語論文を書いている（詳細については「第四章」参照）。

郷土史家や伝記作家など文系からの視点ではなく、科学者であり、海洋生物学者であるわたしの視点から木下家および伊倉の地を俯瞰《ふかん》するというのは、一見、分野違いのことのように思えるかもしれないが、伊倉木下家から、海洋動物学（木下熊雄）、物理学（木下季吉、熊雄の兄）、天文学（木下国助、熊雄の甥）、農学（木下弥八郎、熊雄の腹違い兄で木下順二の父）、と連続して理系の科学者が輩出されていること、また、木下熊雄を輩出した有明海沿岸の「伊倉」という土地が、船や湊に関係が非常に高いことを考えると、この視点からの分析は一つの新しいアプローチといえる（第四章、**表4—1**）。

また、熊雄の父の助之、祖父の初太郎の残した記録から、当時の惣庄屋の科学的・技術的な側面も伺うことができる。「第四章」【表4―1】からは、木下家の非常に複雑な家系図から、当時の熊本の惣庄屋層のネットワークが見てとれる。司馬遼太郎が『街道をゆく』の「肥薩のみち」[40]の中で、細川家の当主の細川護貞氏から聞いた話として、「肥薩は難国（おさめにくい国）」ということで慎重に心くばりをした、という逸話をひいているが、加藤清正の前に肥後統治に失敗した佐々成政をはじめとする他所者《よそもの》支配者を悩ませたのもこうした「肥後地主―地侍団」同士のネットワークにもとづくものであったことが想像できる。

手永《てなが》惣庄屋をつとめた父・木下助之

木下熊雄の父、木下助之（玉名郡内内田手永《てなが》および南関手永惣庄屋・細川藩会計局主計・熊本県議会議長・玉名郡長・第一回帝国議会衆議院議員、【図5―1b】）の残した日記類に、「文政一二年丑正月　後年要録」「嘉永三年正月　後年要録」「木下助之日記」がある。「文政一二年丑正月　後年要録」（以下「文政一二・後年要録」）は木下助之が書いているが、もともとは養父・木下初太郎（中富手永・南関手永・坂下手永惣庄屋、【図5―1c】）の日記を後年まとめたものである。[54]

「嘉永三年正月　後年要録」（以下「嘉永三・後年要録」）は木下雅隆（助之）の名が記されている。木下助之の日記は、嘉永元年（一八四八）〜安政二年（一八五五）の日記は「木下助之日記（一）」、安政三年〜慶応元年の日記は「木下助之日記（二）」として玉名市立歴史博物館『こころピア』から編集刊行されている。[48・49] これ以降の日記は、熊本県立図書館所蔵「木下文庫」に収められている木下助之関係の日記類の原

図 5-1a　木下熊雄
米スミソニアン自然史博物館
F. M. Bayer 氏所蔵（筆者複写）

図 5-1b
熊雄の父・木下助之
玉名市歴史博物館

図 5-1c
熊雄の祖父・木下初太郎
玉名市歴史博物館

文を改めて確認する必要があるが、これは将来的な仕事になると思われる。

木下熊雄の名前が「文政一二・後年要録」に出てくるのは二回、「嘉永三・後年要録」に出てくるのは一回である。誕生、および病気関連であるが、これは兄の季吉と同じ回数である。一つは、助之が玉名郡長となった明治一三年（一八八〇）の翌年、「明治一四年（一八八一）巳年（初太郎七八歳）五月二四日午前五時、三男誕生　出生名・又彦、追って改名・熊雄」、そして二つ目は「明治一八年（一八八五）乙酉年（初太郎八〇歳）一月二三日に助之の長男・弥八郎が麻疹に伝染、引き続き次男・季吉、三男・熊雄も伝染した」とある。[11]

熊雄の母（福島氏）・友が世を去ったのは明治二四年、その五年後、助之は明治二九年七月一七日に、弥八郎・季吉・熊雄の三名に財産分与之標準の遺産状を残している。[11] 父・助之を亡くしたのが一八九九年（明治三二）一月三一日、熊雄一九歳の時である。熊本中学濟々黌（現・熊本県立濟々黌高等学校）から旧制熊本第五高等学校に在籍のころであり、高等学校の途中で熊雄は専攻を医学から動物学に変える。「木下助之　年譜」[48]では、助之は享年七八歳になっているが、「熊本県玉名郡誌」では享年七五歳になっており、伊倉の木下家墓地にある助之の墓碑銘に没七五歳とあり、また、生年没年からの年齢計算ともあうので七五歳が正確なところである。

前述のとおり、木下熊雄の父・助之は内田手永および南関手永の惣庄屋、祖父・初太郎は中富手永、南関手永、坂下手永の惣庄屋を務めた。

本稿中に出てくる「手永《てなが》」とは肥後熊本藩における地方支配の単位で、一郡をいくつかの数の手永に分けるものである。伊倉の属する玉名郡の場合は、坂下・小田・内田・南関・中富・荒尾の六手永から成る。それぞれの手永は三〇～六〇村を区轄としていて、村ごとに庄屋が登用され、さらにそれを統括する惣庄屋の居宅を手永会所として、会所役人（手代・下代・小頭・走番）が勤務して、徴税・民政事務に当たっていた。手永内の村高・戸数・人数・牛馬・税額・商札・職札・舟数などをすべて記録した「手永手鑑」がそれぞれの手永で残っている。[34]

玉名郡の時代による分け方は以下のとおりである。

戦国時代（一四六七～一五七二）から加藤清正の安土桃山時代（一五七三～一六一四）にかけて、一郷・八荘《山北郷、伊倉・大野・野原・臼間・玉名・東郷・江田・千田》、そのうち伊倉荘には二九村《立山・桃田・阪門田・伊倉南方・櫻井・片諏訪・宮原・野部田・竹崎・尾田・部田見・立花・青野（九村附伊倉南方）・小天・横島・伊倉北方・中北張・東北張・西北張・横田・大園・北牟田・河島・寺田・向津留（九村附伊倉北方）・小野尻・小島・濱村・千田河原》であった。

江戸時代、寛永一〇年（一六三三）、細川氏の時代に「郷・荘」を廃止し、小田《をだ》・内田《うちだ》・坂下《さかのした》・荒尾《あらを》・南関《みなみのせき》・中富《なかどみ》の六手永となる。現在の伊倉町にあたる部分は小田手永に含まれている。小田手永は三四村《西安寺・白木・上白木・原倉・二俣・立山・桃田・坂門田・伊倉南方・櫻井・片諏訪・宮原・野部田・竹崎・尾田・部田見・立花・青野・小天・横島・伊倉北方・中北張・東北張・西北張・横田・大園・北牟田・小島・濱村・千田河原・河島・寺田・向津留・小野尻》を管轄していた。[51] 木下熊雄の在住していたのは伊倉南方になる。

約一〇〇年後の享保一三年（一七二八）「新編　肥後国志草稿（抄）」では、玉名郡には三郷・六庄あり、それを前述の六手永の管轄で統治していたことが述べられている。[38] **【図5―2】**に、伊倉町の含まれる小田手永と、伊倉町の小田会所、および隣接する内田手永、坂下手永を示す。「伊倉町」は小田手永の「会所町」として、経済的中心地「在町」として繁栄していた。[63]

初期の惣庄屋は、一〇〇名余いたといわれ、旧土豪などの各地域の有力者が惣庄屋に登用され、世襲し、地方行政を担当していた。文化・文政期（一八〇四～一八二九）ころからは、加藤清正の旧臣や、清正が任命した大庄屋、小西氏・大友氏・島津氏の旧臣などの御家人からも登用された。

木下家では、熊雄の祖父・初太郎が、中富手永（天保八年〈一八三七〉九・二二～天保一二年〈一八四一〉一二・一五）、南関手永（天保一二年〈一八四一〉一二・一五～万延元年〈一八六〇〉九・三）、坂下手永（万延元年〈一八六〇〉九・三～明治三年〈一八七〇〉七・五）、熊雄の父・助之が内田手永（慶応三年〈一八六七〉九・二三～明治元年〈一八六八〉一一・一〇）、南関手永（明治元年〈一八六八〉一一・一〇～明治二年〈一八六九〉二・一）の惣庄屋を歴任した。[42・7]

図 5-2　現在の伊倉周辺地図と干拓地および湊関係施設位置図
（玉名市歴史資料集成第一集　高瀬湊関係歴史資料調査報告書（一）第一図 2 より）
「この地図は国土地理院発行の 1/50,000（荒尾・玉名・山鹿）を使用したものである」
伊倉町は右下の小田手永に含まれ、図 15 に、伊倉町の会所である小田会所がある。

木下初太郎・助之の時代の惣庄屋は居住する手永ではなく、それぞれ各手永を担当するよう登用されるものであり、複数の手永の担当を移っていくものになっていた。また、惣庄屋支配の「寺」も存在していた。たとえば、伊倉でいえば来光寺、木下家菩提寺の光専寺、妙興寺、顕松寺、法光寺などである。[38] 木下家は、玉名郡六手永中自身の居住する小田手永を除いた四手永の惣庄屋として登用され、また残りの二手永に関してもさまざまな方面から関わっている。熊本を治めるにあたり、決して無視できない役割をはたしている家であった。実際、明治維新（一八六八年）ののち、「惣庄屋」は解体されたが、それは一八七〇年（明治三）のことであり、さらに一八七九年（明治一二）には「郡長制度」が設けられ、再び惣庄屋などから郡長が登用されたのであった。[30] 木下助之は、玉名郡の二代目の郡長を務めている。

船と湊――伊倉

木下熊雄のグローバル性の背景について、一つ目は、生まれ育ち、最期まで住んでいた熊本県玉名郡伊倉の地の立地を述べる必要がある。

伊倉は日本の多くの地方都市とはかなり異なる特徴を持っていた。

玉名・伊倉沿岸と有明海を挟んで、向こう岸は「雲仙」である。「第四章」で中学生の木下順二が「伊倉町誌」で「温泉岳」と記したのが雲仙である。雲仙を正面にして有明海の左角を曲がると、有明海を抜けて天草である。関東では浦賀水道をへだてた三崎と内房の関係に近いように思えるが、実際には浦賀水道の流れの速さと危険さから、有明海とは異なる重大な相違点がある。「海流」である。有明海は潮の干満は大きいが、浦賀水道のような危険な難所ではなく、古来より出入りおよび移動に船舶を利用するのが一般的であった。

「伊倉木下家」も、江戸時代から主に船舶での移動をしていたことが記録から明らかである。ここに「文政一二・後年要録」における船舶利用の軌跡を抜粋してみる。嘉永七年（一八五四）秋（八〜九月）、木下助之が西洋炮製作用方研究などのために「長崎遊覧」をした際の記録は以下の通りである。

> 八月二三日宿元出立出府、八月二五日願いの手数相殺直に八月二五日夜大浜坂本七郎宅に宗匠春秋庵と同宿、二六日長洲町着、同伴木下小太郎・春秋庵同人姪巒保ならびに下代福田冬蔵・三串和右衛門・清田善蔵僕　喜代次・定夫嘉兵衛　都合上下八人暮頃より発船、二七日朝肥前国大多尾《ママ》村より上陸、二八日朝崎陽に着、九月一〇日同所出立同夕入日諫早より乗船、一一日朝長洲に着岸同日昼過ぎ帰着なり（「文政一二・後年要録」）

これをみると、往路は木下家の居住していた伊倉からまず菊池川同・左岸の大浜（図5―3下部左側）経由で対岸の長洲に向かい、長崎行きの船は夕暮ころに長洲から出港し、有明海を抜け、長崎港内の西泊御番所近くの大田尾御台場から翌朝上陸し、陸路で長崎県長崎市内の崎陽に一日かけて移動しているとみえる。「大多尾」という地名は天草に大多尾港があるが、肥前と書いてあるため、ここは長崎港内の「大田尾」と思われる。一方、帰路は、長崎市内崎陽から同日中に有明海側の諫早に、夕方には出港して有明海を横断して長洲に翌朝着いている。

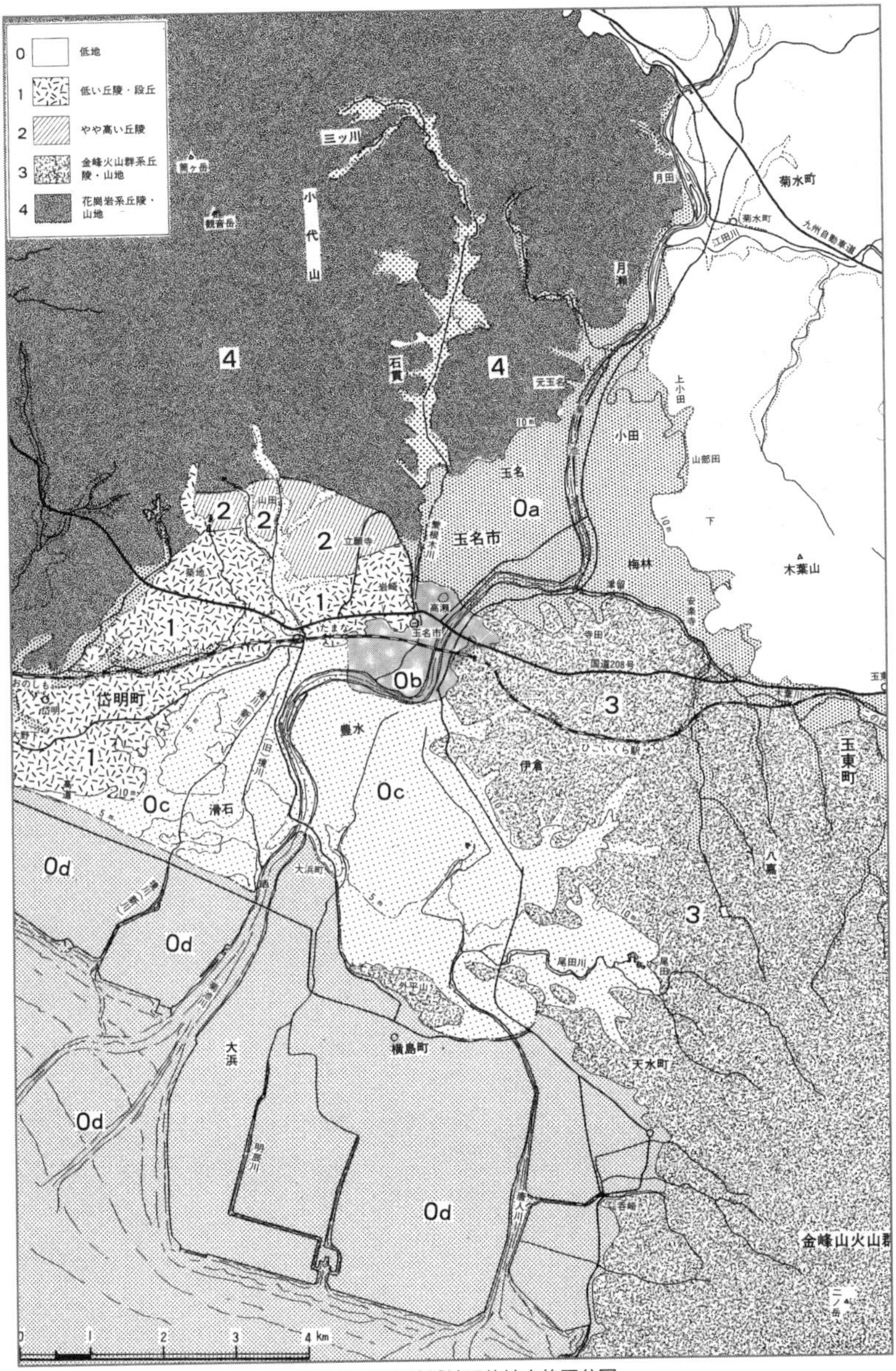

図 5-3　玉名地域地理的地史的区分図

（玉名市歴史資料集成第六集　菊池川下流域遺跡詳細分布調査事業報告書（1）第１図）

伊倉：図中央右側、3 地帯・金峰火山群系丘陵・山地。大浜：図下部左側、菊池川河口 0d 地帯。長洲：図外左側。

また、七年後に「長崎」に行復した記録が残っている。

文久元年（一八六一）九月　木下助之允、村上亥久馬・池部彦之允・木村鶴雄　長崎遊覧、一八日此許を立、一〇月四日帰着。（「文政一二・後年要録」）

この長崎遊覧時は助之本人の記録として「文久元年一〇月　長崎見聞録　機濃志多」が木下順二寄贈「木下家文書」[22]として残されている。「機濃志多」というのは「木下」の当て字である。往路も直接長崎にわたるのではなく、有明海を横断して、諫早経由で陸路長崎に赴くこともあったようである。

明治五年には長洲―諫早航路の記録がある。

明治五年（一八七二）七月　木下徳太郎（助之）東京府より依召上京、七月一五日　発　途一六日長須発船で諫早に渡り、一八日長崎発の船　メリケン飛脚船に乗り込む。（「文政一二・後年要録」）

これらの有明海横断に使用しているのは、かかっている時間から推察して「櫓こぎ」（図4―14）または帆の小さい「和船」（図4―6a、図2―7、図2―8、図2―9）と思われる。和船は実際に人間が乗ったときには洋船に比べて船体が重く、多少の波では〝揺れない〟といわれる。[1] したがって、有明海などの内海の良航路では木下家の利用のように小型船「船中泊」も十分可能だったと思われる。また「メリケン飛脚船」とは〝飛脚〟のため、発着の時日を定めて往復した船（広辞苑　第四版）のことで、アメリカ製の船と思われる。

明治になると次の記録にもあるように「蒸気船」も用いられるようになっていた。

明治六年（一八七三）三月　お初、お友、弥八郎を連れて東京行、乳母共に、三月一〇日　首途　高橋にて　竹崎茶堂夫婦と出会、三月一一日暮頃　小蒸気船舞鶴丸に乗り込み、三月一二日肥前島原原口津に船懸の内　茶堂病気に付き上陸、一六日迄滞　二二日　長崎より米国飛脚船ヱリエル船に乗り込む、二四日　神戸に着　上陸。大坂・京都より近江・美濃を経て東海道陸行、四月二九日横浜より東京助之寓居に着、八月一日に同所出立、八月二日飛脚船ヲレコニヤ乗船、八月六日長崎着　長崎より百貫石迄は小蒸気野母丸乗船也、八月一一日帰着　お友・弥八郎・乳母東京に残置、予夫婦帰国。

（「文政一二後年要録」）

長崎への航路は、それゆえ長洲―大田尾御台場、長洲―諫早、熊本坪井川沿の高橋（熊本市）経由で、おそらく河口―島原原口津―長崎、長崎―百貫石（坪井川河口の港町）、などの複数の航路を使っていたということがわかる。

天草方面の場合には次のように「八代」を経由することもあったようである。

安政四年（一八五七）一〇月公議御目附岩瀬伊賀の守様御己下五頭《ママ》（五島か？）天草より八代御渡海御帰府御通行一〇月三日南関御泊座（文政一二・後年要録）

以上の抜粋だけでも、鉄道ができる前の伊倉では、ほとんどが船による移動をしており、しかもこれらの記録以外にも頻繁に長崎と往復している記録が残っている。実際に長崎まで早ければ数日でたどり着ける距離であるというのと、木下家の人々のフットワークの軽さにも着目すべき点である。このことからも、有明海に面した菊池川河口の「伊倉」は外に開いていた土地であることがわかる。

伊倉の歴史は縄文時代にさかのぼる。五～六〇〇〇年前の縄文時代中期には、「縄文海進」により海面が現在より五メートルほど高く、縄文・弥生時代の貝塚が現在も伊倉台地をはじめとする玉名一帯の丘陵地帯の周縁部に分布している。[59] 縄文時代の伊倉周辺遺跡は、中北、本村、伊倉北八幡宮境内（縄文土器）、伊倉宮ノ後の包蔵地、天水町の竹崎・尾田の貝塚が知られている。また伊倉城址周辺の貝塚としては、唐人町貝塚（伊倉北方〈弥生～中世〉）、片諏訪貝塚（片諏訪　屋敷〈縄文～鎌倉〉）、外平貝塚（横島　外平〈弥生～中世〉）などがある。弥生時代としては、伊倉北方五社付近にも弥生時代の甕棺が出土する地域がある。[50]

伊倉町は丘陵域が金峰火山群系丘陵・山地に属している（**図5−3**の〈3〉地帯）。金峰火山群系は安山岩、凝岩角礫岩を基盤層とする菊池川左岸丘陵および山地である。[58] 伊倉町の南、元唐人川の流れていた標高五～六メートルの低地は沖積低地である。**【図5−3】**の〈0a～0d〉地帯の部分は、縄文時代には海面下にあった部分である。つまり、伊倉は古くは今よりもさらに海岸間際に位置していた。

このような立地の伊倉が外の世界に開かれていたのは近代に始まったことではない。伊倉はその開けた立地と菊池川の船による流通により、歴史の中で長いあいだ国際貿易港であった。

唐船が往来した伊倉・丹部津

中古から江戸時代の湊である「丹部津《にべつ》（または丹倍津）」は、現・菊池川の左岸の丘陵縁辺に立地する現・玉名市伊倉の地域にあったとされる。現在は伊倉周辺に大河川はない。しかし、文献や加藤清正時代の「塘（堤）」の場所や地形図（図5―3）を総合し、菊池川の旧河川流路である唐人川の場所から判断すると、菊池川（旧・高瀬川）は江戸時代元和（一六一五～一六二三）あたりまでは、大きく東南に蛇行し、伊倉台地の縁辺を通って横島方面に流れていたという。【図5―4】の〈D〉が「丹部津」の位置と想定されている。[55]それを、加藤清正が高瀬川堀替工事を行ない、現在の菊池川の流路としたため、伊倉・丹部津の津機能が失われたとされる。

加藤清正の時代後の江戸時代正保期（一六四四～一六四八）に作成された「肥後国中之絵図」（正保国絵図）では、すでに「丹部津」の名前は消えており、菊池川（高瀬川）の主流路も現在とほぼ同じ流路となっていることがわかる（図5―5a、b）。右岸の高瀬津と比較して、海外交易の遺品、遺跡が多いのも丹部津の特徴である。

以下、各年代ごとの伊倉丹部津の記述を引用する。

宝永六年（一七〇九）［肥後地誌略］

伊倉丹部津

元和以前までは、異国船此所に着岸す。其船の着せし所を今　丹部津といふ。加藤清正慶長年中に横

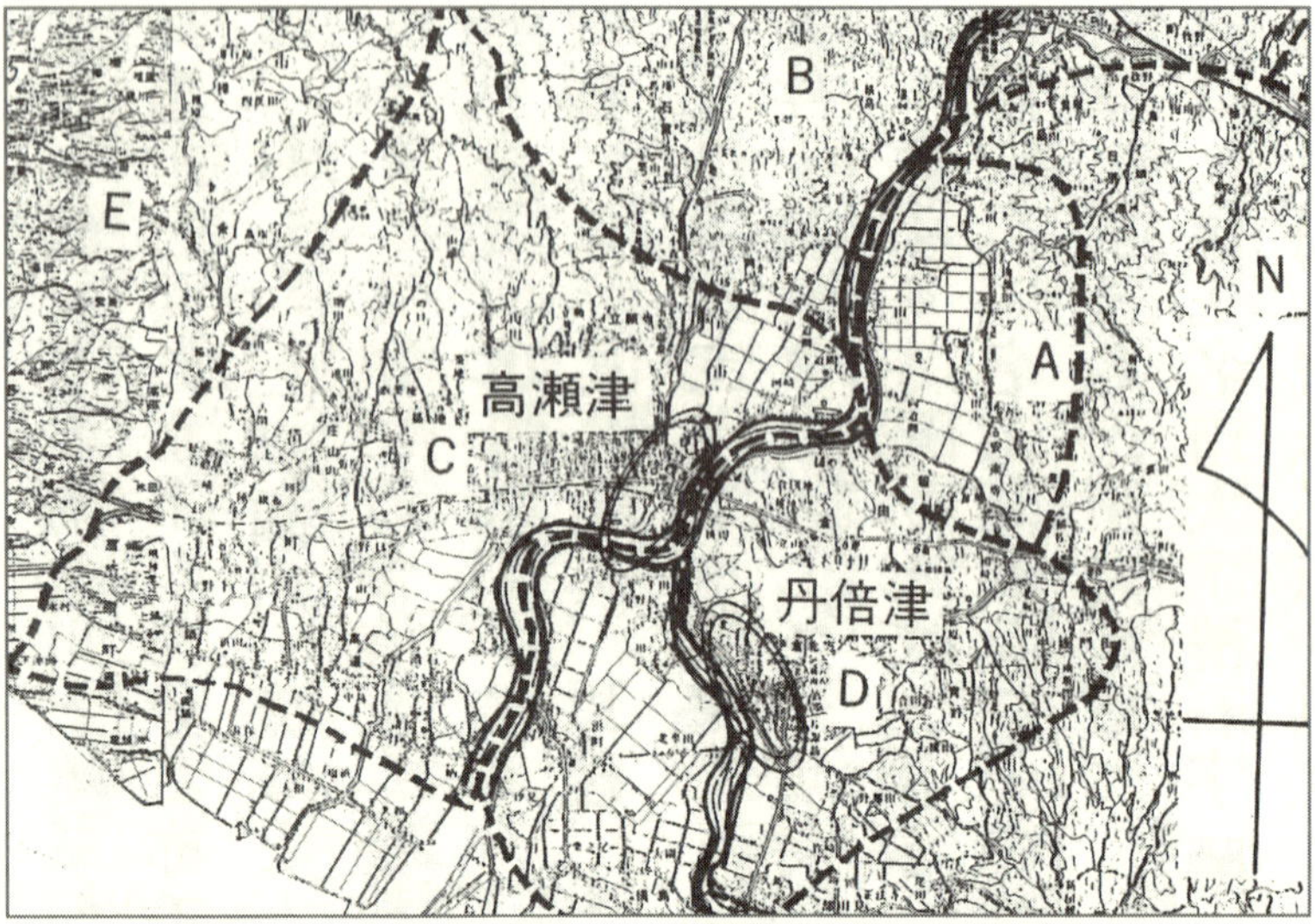

図 5-4　丹部津位置　（玉名市歴史資料集成第一集　高瀬湊関係歴史資料調査報告書（一）第一図 1 より）
「この地図は国土地理院発行の 1/50,000（荒尾・玉名・山鹿）を使用したものである」

嶋の石塘（堤）を築き、其の後皆々田となる。今わずかに残る流を唐人河といふ。[3・56]

享保一三年（一七二八）［新編　肥後国志草稿］
伊倉丹部ノ津
此所往昔三韓入具の湊にて、近国より入唐の僧俗多くは此所より発船せしと伝り。
元和以前迄は唐船此所に着岸す。其船の着し所を今は船津村と云、伊倉南方桜井村内の小村なり。
慶長年中　国主加藤清正此所海　横嶋の石塘を築て後　彼辺悉く田地となり僅残るを唐人川と云。[38]

明和九年（一七七二）［肥後國志］
伊倉丹部津
往昔此所ハ三韓入具ノ津港ニテ　入唐ノ僧俗多クハ
此所ヨリ發船セシト云
元和以前迄モ唐船此所ニ着岸ス　其船ノ着シ所ヲ今ニ船津村［櫻井村ノ内ニアリ］ト云

慶長年間國主清正侯　此邊ノ海口ニ横島ノ石塘（堤）ヲ気築キ悉ク田地ト為リ　僅ニ殘レルヲ唐人川ト云

［翕巷按ニ　元和以前迄モ唐船入津ストアレトモ　巳ニ慶長年間墾田ト成レリ今明人ノ碑ニ元和年間死亡トアルニヨリ　如此書セシナルヘシ必ス唐船ノ入津ハ現龜天正の比迄ノ事ナルヘシ］[55]

明治一二年（一八七九）［肥後国玉名郡村誌］

古跡　丹部津　村の西字西屋敷にあり。船津と云。往古三韓入具の港にて、唐船を繋きし銀杏今猶存在す。慶長年中国主加藤氏横島の堤を築てより田地となる。其下流を唐人川と云　肥後誌里俗説。今僅に存す。

昭和六二年（一九八七）［玉名市歴史資料集成　第一集］

伊倉丹部津跡　船着場

伊倉北方字八竜

対外交易港、清正の菊池川下流堀替工事により港としての機能を失う。付近に唐人墓、吉利支丹《キリシタン》墓などが多く見られる。船津の地名残る。[55]

唐人川に関しては「熊本県玉名郡誌」（一九二三）に以下のように記述されている。

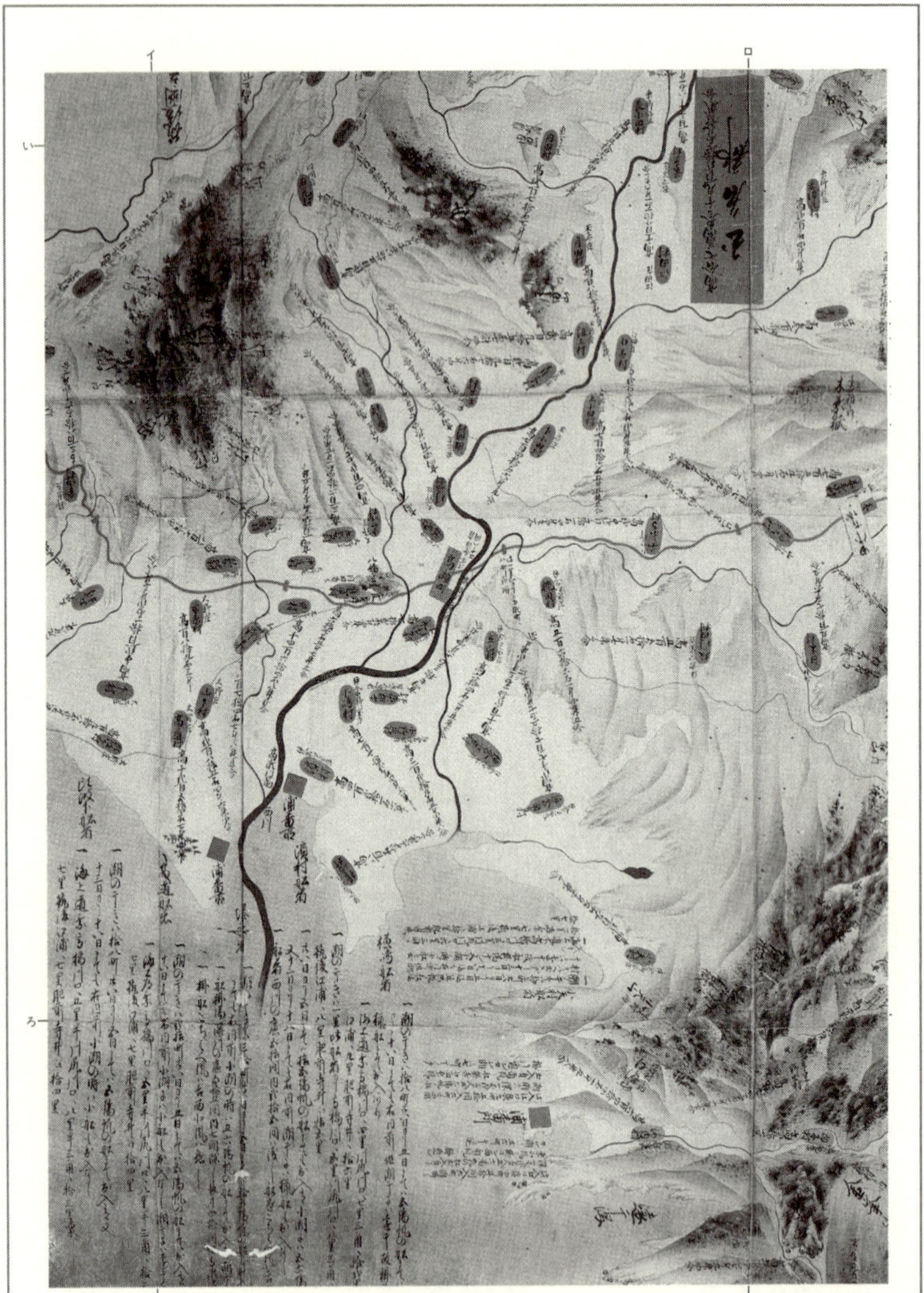

図 5-5a　肥後国中之絵図
（正保国絵図）（玉名市史　資料篇 1　絵図・地図より）江戸時代正保年間（1644-1648 年）図 5-5b に図解図

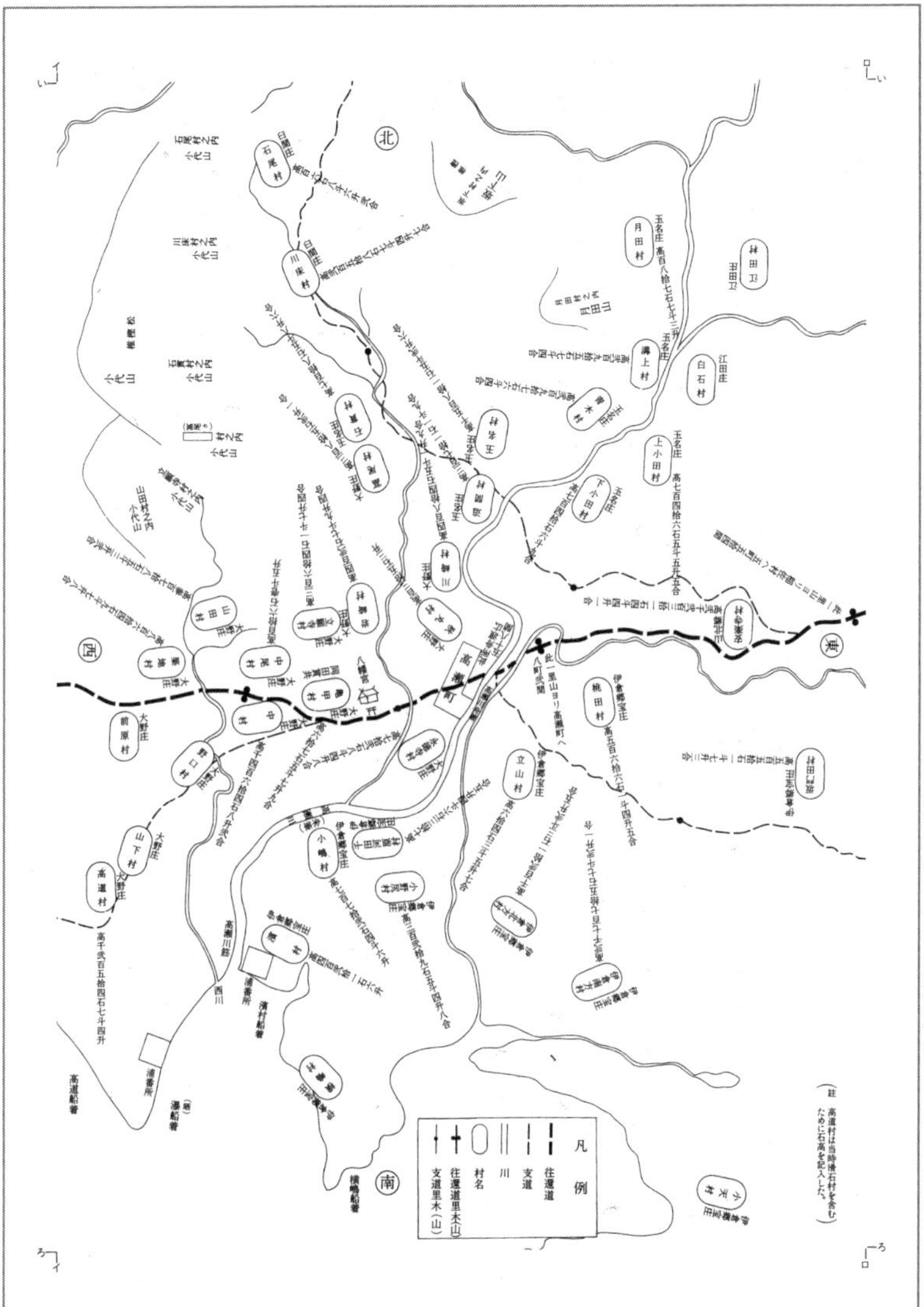

図 5-5b　肥後国中之絵図

(正保国絵図)(玉名市史　資料篇 1　絵図・地図より)図 5-5a の図解図。高瀬町:中央。高瀬町下:唐人川(旧高瀬川流路)。唐人川右側:伊倉北方村、伊倉南方村。高瀬町左下:清正堀替工事後新高瀬川流路(現菊池川流路)

この川は石塘口より有明海に至る水路に属し、天正年間以前は菊池川の本流たりしが加藤公の石塘工事竣成後は河床の一部となれり。満潮の際は海路との連絡上和船の往来今尚ほ絶えず、されど干潮時は流れ頗る小なり、河巾上流は十間河口数十間ありて流程約一里。

現在は伊倉には唐人川は残っていないが（図5―2）、少なくとも正保期（一六四四～一六四八）には、伊倉丹部津（丹倍津）は消えたものの、まだその流れは残っていたことがわかる（図5―5a、b）。「丹部津」に関連した遺跡・史跡としては、そのほかに以下のものがある。

伊倉狼煙台　伊倉南方字東屋敷

地元では狼煙台又は灯台跡かといわれているが、確証に乏しい。[55]

塘　河川堤防

千田川原～川島

加藤清正の高瀬川堀替工事以前の「唐人川」の右岸堤防。船津、川成等の地名が残る。流路と共に、航空写真にも鮮明。千田川原、小島、小野尻、川島、北牟田を塘下五ヵ村という。[55]

国際貿易港としての伊倉

海外交易の遺品、遺跡は国際貿易港としての伊倉・丹部津の特徴である。[55] たとえば、唐人町や四位官郭公の墓（唐人墓）、振倉謝公の墓、林均吾の墓などが残っている。[55・50]

唐人町についていては伊倉報恩寺古文書中に天喜三年（一〇五五）寄付状に「西限唐人屋敷」の文字があり、平安時代より「唐人」の居留地があったことがわかる。ことに、宋・明時代（九六〇〜一二七九・一三六八〜一六四四）には僧侶商人の往来が頻繁であって、伊倉は一大貿易港として繁盛した。唐人川、唐人舟繋の銀杏、竹崎の勝地等も当時の名残である。唐人舟繋の銀杏は伊倉北方字西屋敷、松本宅庭にあり、樹齢七〇〇年前後。高さ二五メートル、目通し幹囲八メートルのものである[55]（図5―6a、b）。

中国貿易の海路は今も昔も同じ〝貿易風〟を利用していた。すなわち春夏のころは〝南風〟を利用し、いったん上海沖に達し、南下する。秋冬のころは〝北風〟を利用して台湾海峡に向かって航路を取っていたという。貿易の中心は寧波であって、僧侶の修行地は海辺では補陀落島（いまの舟山列島）、杭州、天台山などであり、南京・長安・四川まで行くものもあった。伊倉語には中国語・韓国語が混じっているものも少なくないと「熊本県玉名郡誌」にある。

唐人墓の肥後四位官「郭公」は、明の人であり、明に仕え、四位官の位にあった。日明貿易に活躍し、日本に来て海外貿易に従事した。慶長一八年・一九年・元和三年・四年に「朱印船」を交趾（ベトナム〈コーチ〉）・西洋（マカオ）などへ数回派遣したとある。[44] この四位官「郭公」の墓は伊倉・片諏訪字屋敷にある。副葬品としては「青磁劃花文碗」（玉名市指定文化財、覚真寺蔵）（肥後古塔録）があり、その他、郭公奉納「麒

図 5-6a　唐人川時代船繋公孫樹（伊倉町）（熊本県玉名郡誌より引用。1923 年以前）

麟香炉」一対が伊倉北八幡宮に所蔵されている。[55] 香炉の詳細は、富田大鳳「伊倉八幡宮神祠記」によると以下の通りである。

伝明人濵沂郭公奉納麒麟香炉
至今頼焉祠中又藏　麒麟香爐　者各一
高ニ三尺長五六尺　牝牡之形具　其爲
古様質素甚可愛相傳云
先是百数一〇年　萃船之来鬻者　皆湊乎
此時有明人　濵沂郭氏ト从己乃葬此邑
其子　珍榮　者　封其　墳立之碑　其紥禮[55]

またこの郭氏の墓については以下のとおり、さまざまな書物に引用されている。

宝永六（一七〇九）［肥後地誌略］
陵墓＝皇明郭氏墓
伊倉にあり。銘曰く、皇明考濵沂郭公墓、元和

図 5-6b　船繋ぎの銀杏 (筆者撮影 2011)

己未年　仲秋吉日、海澄県三都男　珍栄　建
此伊倉辺　古昔　唐船着岸の津なり。其比
郭姓の人　来朝して、此地に年月を経たりし
が、病死しけるを、唐に達し、子供来て碑を
建てしといふ。海澄県は漳州にあり。父　郭
氏　此所にて生したる子の子孫　今に此地に
あって、其住所を今号して唐人町といふ。[3]

享保一三年（一七二八）［新編　肥後国志草稿］
皇明郭氏墓
里俗是を唐人墓と云り、本朝墳墓の模様と其製　甚《はなはだ》　相違せり、
尤《もっとも》　切石の構営等　精密なり
其墓銘左に記之
「皇明考沂濱郭公墓、元和己未年　仲秋吉日　海澄県三都男　珍栄　建」とあり、考は父と云こと沂
濱は号也、海澄県は漳州《シャクチュウ》の内に在　己未は元和五年也、此伊倉辺　古は唐船着岸の津なりと伝、其
比来朝して死たる者也、其子孫今に此地に有りと伝り[38]

図5-7　四位官郭公墓
（高瀬湊関係歴史資料調査報告書（1）1987 第五図版より引用）

明治一二年（一八七九）［肥後国玉名郡村誌］
陵墓　唐人墓　村の南字西屋敷にあり。墓銘に、「皇明考濱沂郭公墓
　元和己未年仲秋吉旦　海澄県三都男周珍栄立」とあり。唐人来朝
して死たる墓なり。肥後誌里俗四位官の墓と云。

大正一二年（一九二三）［熊本県玉名郡誌］
唐人の墓
四位官の墓＝郭公の墓
伊倉小学校西南字堀河の上に在る、本朝墳墓の様式と大に異なって居る（口絵に在り）銘に「皇明考沂濱郭公墓　海澄県三都男珍栄元和己未年仲秋吉旦建」とあり考は父　沂濱は号である　海澄県は福建省南部の都会である。里説に郭公没する時里人篤く看病せしかば易珍榮之を徳として大平寺を再興し貴重なる香木を用材としたといふ事である、又北八万麒麟の香爐は郭公の献品だといふ事である。

この墓の具体的なスケッチは「古今肥後見聞雑記（抄）」（別称）にあり、そのスケッチによると、墓銘は「皇明考濱沂郭公墓　元和己未年仲秋吉旦　海澄県三都男周珍栄立」である。[61] 写真は、「高瀬湊関係歴史資料調査報告書（一）」（一九八七）の第五図版、および「熊本県玉名郡誌（大正一二）」にある（図5―7）。

郭氏に比べて情報が少ないが、振倉謝公墳も御朱印貿易に関係していると考えられている。伊倉本堂山にあり。墓銘に「大明振倉謝公墳」とある。その名前から、古伊倉に住んだと考えられる明人の墓とされる。[44]

また唐人以外にも国際貿易港の名残として、吉利支丹《キリシタン》墓碑が伊倉北方字船津に残されている。蒲鉾形の典型的キリシタン墓碑で、近代に入り、墓地土中から掘り起こされたものである（玉名市指定文化財）。墓地所有者の中山幸子氏宅には「伴天連《バテレン》の髪」と伝えられている「東洋人」のものではない髪が保管されている。[55]

朱印船貿易で栄える

一六世紀末から一七世紀前期にかけて、東南アジアを舞台に活躍した日本の官許貿易船が「御朱印船」である。もともとは本章の「丹部津」にあるように、私貿易船であった。やがて官許貿易船の証明となる渡航証明書である「異国渡海朱印状」を持参する制度が定められた。朱印船は最初に豊臣秀吉（一五三六〜一五九八）が創始者としてあげられているが、史料が確認できるのは徳川家康の時代の慶長九年（一六〇四）であり、ここに朱印船制度が正式に実施されたことになる。

加藤清正も慶長九年（一六〇四）には船を新造し、慶長一二年（一六〇七）に西洋（マカオ）、慶長一四年（一六〇九）に「タイ」（暹羅・シャム）、「ベトナム」（交趾・コーチ）へと朱印船を派遣している。[44] この時の清正の船も、おそらく伊倉の丹部津または対岸の高瀬津のどちらかから出航したはずである。

図 5-8　朱印船荒木船　荒木宗太郎　異國渡海船之図。
中国のジャンクをベースに洋式船技術をとりいれた和洋折衷形式（長崎市立博物館蔵）（石井 1983 より引用）

清正の船も含め、朱印船の特徴は、船体の基本が中国式ジャンクで、かつ、一部は西欧のガレオン船の技術を導入している折衷形式であり、船首楼の構造は日本の軍船の要素が混入しているものであった（**図5−8**）。これらの船体の寸法は、長さがおよそ二〇〜二五間（三六〜四六メートル）、幅四・五〜五間（八・二〜九メートル）ほど、乗員数は三〇〇〜四〇〇人、積量は五五〇〜七〇〇トンの大きさであった。[5]

一六三五年までの三二年間に「朱印状」の発行数は三五五艘《そう》である。一年平均一一艘、多い年には二〇艘の御朱印船が海を渡った。[5] また、日本に在留していた外国人も、日本で船を仕立てて、海外貿易を行なう場合には、日本人と同じく朱印状を受ける必要があった。[39] 上記の伊倉・郭氏もそれにもとづいて海外貿易を行なっていた。

御朱印船以前からの「輸出品」の主なものは、硫黄《イオウ》、銅、太刀《たち》、鎗《やり》、扇子《せんす》、瑪瑙《めのう》、蒔絵《まきえ》物、石王寺硯《すずり》、琥珀《こはく》、屏風《びょうぶ》などであった。一方、「輸入品」としては、銅銭、紵絹、錦、布綿、繍、鐵（鉄《くろがね》）、錬鐵、鍋銀器、磁器、古文銭、古名畫、古名字、古書、薬材、氈毯、漆器、などであった。[30] この貿易の利益は莫大なものであった。そして、この中でも〝同田貫〟の刀剣は非常に重要なものであった。

重要な交易品だった同田貫《どうだぬき》の刀剣

木下熊雄における二つ目のグローバル性の背景としては、幕末から明治という時代における木下家のかかわりがあげられる。キーとなるのは前述の〝同田貫《どうだぬき》〟である。

御朱印船貿易の輸出品である同田貫とは、熊本県菊池郡の菊池氏が鎌倉時代（一一八五頃～一三三三）に山城国（現在の京都府南部）から招聘した名匠・来国俊の流れをくむ刀工・延寿太郎（延寿国村）を始祖とする延寿派刀工群の末裔のことである。南北朝時代（一三三六～一三九二）、この刀工群は、熊本県菊池郡西寺村から同じ菊池の野間口村・今村・高野瀬村・稗方村・藤田村などにも分派した。

「今村」は木下熊雄の父、助之の生まれ故郷でもあり、長兄・木下韡村（幼名・宇太郎、名・業廣、字・子勤、通称・真太郎、号・犀潭）、次兄・木下真弘（通称・小太郎、号・梅里）が私塾「古耕精舎（古耕舎）」を開いた土地である（図5―9）。

加藤清正の時代には菊池・稗方村同田貫から有明海沿岸部の高瀬川（現・菊池川）河口の玉名亀甲《かめんこ》村、伊倉南方村に移住した[60・6]。これが伊倉の木下同田貫、玉名亀甲の小山同田貫である。伊倉の木下同田貫の初代は左馬之助清国（図5―11）、玉名の小山同田貫の初代上野介正国といい、清国が兄、正国が弟といわれる[6]。正国は加藤清正から「正」の字を与えられ「正国」と名乗り、兄ははじめ「国勝」といったが清正の「清」の一字を与えられ「清国」と改めたという[35]。

伊倉の「鍛冶屋町」は、この左馬之助清国をはじめとする同田貫の一派が菊池・今村から移住したことにより、その名前が付いた。つまり刀鍛冶の鍛冶屋町である。この直系の子孫が伊倉の「木下慶吉」とさ

図 5-9　菊池・今村　木下韡村・木下梅里「古耕舎」跡 (筆者撮影 2011)

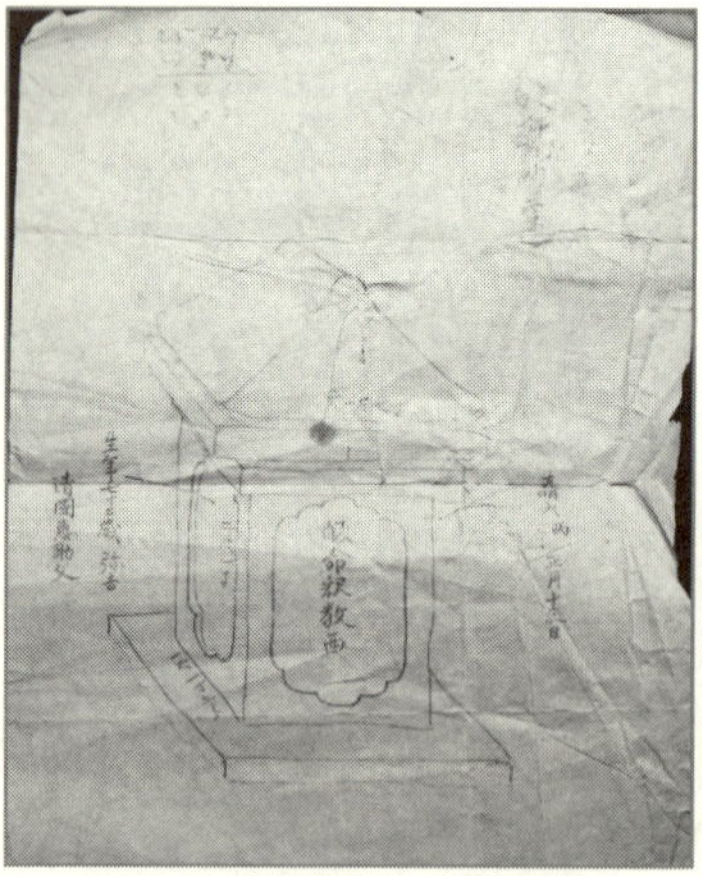

図 5-10　清国恵助父　弥吉の墓
鉛筆描スケッチ　（玉名市立歴史博物館こころピア 木下順二氏寄贈木下家文書　家関係資料 170 筆者撮影 2011）

れ、木下熊雄の曾祖父である（表4―1）。木下熊雄の父である助之の記録として、文久三年亥一二月　家記「先祖菊池郡剣工延寿家以来の由緒」が残されている。[9] また、天明六年（一七八六）正月十三日没の清国恵助の父、弥吉の墓のスケッチが存在しているが、おそらくこれも木下助之の手によるものかもしれない[12]（図5―10）。

　木下左馬之助清国は刀に「同田貫」の名前を冠したものがないとはいえ、数は少ないが存在することが判明しており、玉名市立歴史博物館『こころピア』の企画展でたびたび行なわれている。これまで展示されているものは以下のとおりである。

●天正～慶長頃の刀　清国　銘（表）「肥州住藤原清国作」（熊本県玉名市　生森元哉氏蔵）（企画展「同田貫Ⅱ―歴史に名を連ねる豪刀―」二〇〇四）

●室町末期～桃山時代の薙刀　清国　銘（表）「肥州住藤原清国」（熊本市立熊本博物館蔵）（企画展「同田貫Ⅱ

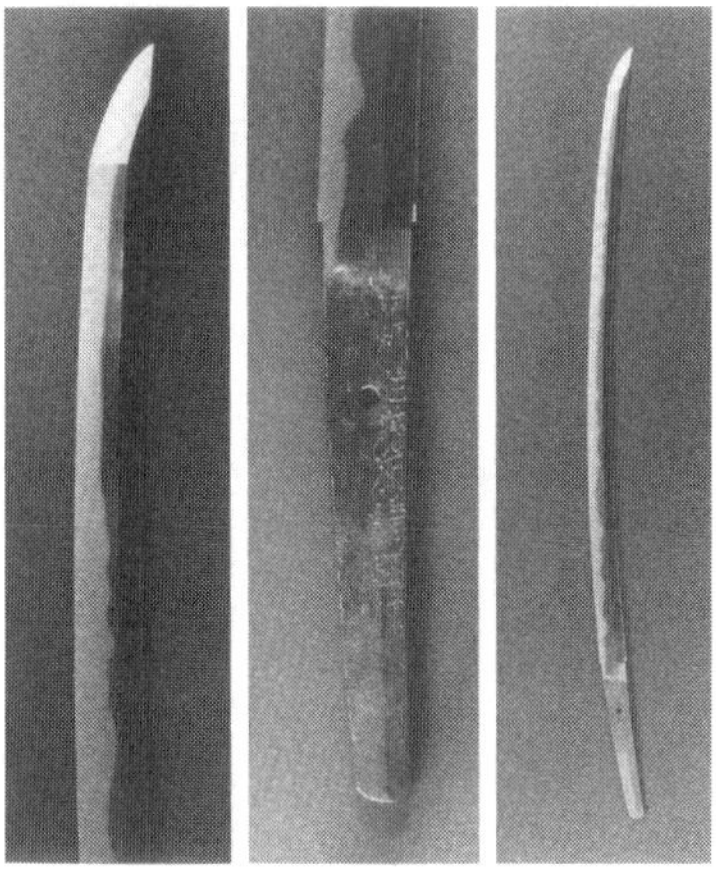

図5-11　刀　肥州住藤原清国作
長さ　68.7センチ　反り　2.0センチ　目釘孔1個　銘「肥州住藤原清国作」熊本県菊水町　石原幸男蔵　（玉名市立歴史博物館こころピア企画展1997郷土の刀剣・同田貫より引用）

―歴史に名を連ねる豪刀―」二〇〇四）
●　室町末期～桃山時代の薙刀　清国　銘（表）「肥州住藤原清国作」（熊本県熊本市　笹原俊和氏蔵）（企画展「同田貫―豪刀と幻の銃―」二〇〇五）
●　室町末期～桃山時代の刀　清国　銘「肥州住藤原清國作」（熊本県菊水町　石原幸男蔵）（企画展「郷土の刀剣・同田貫」）（**図5―11**）

加藤清正の入国後は、「同田貫」は清正の抱え刀匠であり、清国（伊倉同田貫）・正国（亀甲同田貫）が清正の御用刀を打っていたという。[30] 加藤清正の書簡では、以下の通り、朝鮮出兵の準備のための武器の調達および、朝鮮出兵後も、長刀・持鑓を堂（同）田貫、木ノ下（清国）、伊倉に作らせている。[35・37]

天正一九年（一五九一）八月一三日
一　長刀五十本、持ち鑓百本、堂田貫、木ノ下、伊倉ら両三人に申し付け、前の鑓よりすこし軽いように打ちせよ、来年三月以上に作りて置くように、もし出来ないようならば、豊後の方にも作らせるように。（渋沢栄一所蔵文書　市史5古346）

文禄二年（一五九三）六月朔日

尚以て持ち鑓身の長さ一尺ニ打たせ、五百本も千本も出来るだけ作らせて置くように、長柄の鑓も出来るだけ打たせるよう、堂田貫、木下に刀を出来るだけ打たせ、あめ鞘でもよいので作らせること。

（下川文書　市史5古354）

文禄二年（一五九三）八月八日

一　伊倉・木下・堂田貫に、一月に刀十腰ずつ打たせること、鞘は白さやで良い、長さはいつもの通りで良いが、切れ味が悪ければ代価を払わない、もし支払ったものは代価を取り返すように。（下川文書　市史5古353）

「同田貫」には正国、清国のほかに、右衛門、兵部、又八、信良、国治、国正などがある。[35] また、熊本城の備刀もみな「同田貫」であった。[6・30] 同時に、清国・正国をはじめとする同田貫の刀は、海外貿易の重要な交易品でもあった。おそらく加藤清正の仕立てた御朱印船にも積み込まれていただろう。伊倉木下同田貫の木下左馬之助清国は、加藤家改易のあとは仕えることを好まずして、民籍に入ったという。[30]

干拓と鎖国の苦難

しかし、清正は御朱印船で海外貿易をすると同時に、大規模な河川流路変更と干拓も行なった。旧小田郷（明治三年までの手永）（図5―2、小田手永）、伊倉・横島・大浜間は加藤清正以前は菊池川（唐人川）の流域であったが、天正一七年、清正が菊池川の水を大浜・小浜の間に導き、現在ある高瀬町より滑石村および大濱町間の菊池川堤防を築き、さらに久島・横島の間にある石塘（堤）を埋め立てて、干拓により八七〇町（八六三ヘクタール）余の田んぼになった（図5―5a、b）。

この大干拓は天正一七年から慶長一〇年までの、一〇年もの歳月を費やされた。このため加藤清正は多大な利益を得ることが可能になった。それとは反対に、玉名市沿岸は清正により、滑石村晒地方より以西、筑後境に至る沿岸の松林が伐採されたあと、海岸に土砂が堆積し、漁獲が激しく減少してしまい、小魚類・貝類ぐらいしか獲れなくなってしまったとされる。この大干拓が原因かどうかは不明だが、近海で漁獲が落ちたこともあってか、あるいはもともと長洲地方漁民が航海に慣れていたこともあってか、明治三六年ころには、沿岸部の漁民は「韓国沿岸まで」遠洋漁業に行っていたとも書き残されている。[52]

徳川時代が進むと、伊倉津の貿易や漁民にとって、事態はさらに悪化する。細川藩は、加藤清正の干拓に引き続き、横島・大浜・玉水・小天の地の先の海を毎年のように埋め立て、その面積は明治の時点で面積二六八町三反余歩（二六六ヘクタール）にもなり、海岸線は現在とほぼ同じような姿になった[52]（図5―2、干拓地・図5―3〈0d〉地帯）。農地拡大のために、漁民や海に拠って立つ生活が脅かされるのは、現在の有明海の「諫早」の水門開門と干拓問題などと同じ構図である。

干拓とは別の問題もあった。「鎖国」である。

徳川家康は慶長九年（一六〇四）に、貿易船は朱印状（渡航証明書）を持つ船のみという「朱印船制度」を実施し、海外貿易の利益を〝幕府のみ〟のものとする制度であった。一方で、その五年後の慶長一四年

（一六〇九）九月、徳川幕府は西国大名五〇〇石積以上の大船を停止・没収した。元和二年（一六一六）八月、幕府は中国以外の外国船の来航を長崎・平戸に限定した。この年代ころまでは伊倉丹部津の郭公の「唐人墓」（元和五年〈一六一九〉）（図5―7）などの記録から、伊倉に唐人がまだ来ていたことが判明している。それから二〇年後の寛永一二年（一六三五）五月、幕府は外国船の入港・貿易を長崎・平戸に限る「布令」を出した。それにより朱印状の発行、つまり朱印船の派遣もいっさい停止され、「鎖国」となった。[5・44]

鎖国から六〇年後、元禄一四年（一七〇一）の「肥後国図」では、各地の船着の記載がみられるが、港湾間の海上道のりが略されており、それは幕府の指示により下絵図段階で削除ないし簡略化されていたものであった。[32] 寛永・元禄・正保年間の肥後国絵図からはすでに「丹部津」の名前は港の名前から消えている（図5―5a、b）。ここに、伊倉の国際貿易港としての役割は完全に途絶えることとなった。一方、対岸の菊池川右岸の「高瀬港」は、国内貿易港として熊本藩最大の蔵米積み出し湊として菊池川の水運を利用し、流域の蔵米二五万石を集め、大阪に回送する重要拠点として変わらず発展を続けていた。[50]

幕末――刀剣から鉄砲の製造へ

加藤清正の改易と同時に、刀鍛冶からは手を引いて民籍に入ったものの、伊倉木下家は嘉永六年（一八五三）のペリー黒船来航のその冬から、今度は「鉄砲」の製作を担うこととなる。木下熊雄の父・木下助之「文政一二年・後年要録」および「嘉永三年・後年要録」に、その記録が残っている。

肥後同田貫《どうだぬき》の刀工たちが鉄砲を製造していたことはあまり知られていない。同田貫の刀剣は江戸時代中期には衰退しており、「坂下手永同田貫村の鍛冶共、刀脇差を鍛える者の有無を調べたが、現在は鉄鎌等を作成するのみで該当者なし」（「熊本藩年表稿」、明和二年（一七六五）の項）という記録が残るのみである。劇作家の木下順二の長兄・国助が亡くなったとき、その葬儀は伊倉の菩提寺「光専寺」で行なわれたが、そのとき熊雄の兄であり家長であった弥八郎は、一軒一軒の労働量に合わせた鋤鍬《すきくわ》や馬具などの農機具を木下家の小作人に分け与えたという。[8] これも同田貫の名残を感じさせる。肥後の刀鍛冶は刀が作られなくなった後は一般的に農機具などを製作していたからである。

文政一〇年（一八二七）、同田貫刀鍛冶を中興させたのがその坂下手永亀甲《かめんこ》村（もと同田貫村）「正勝」（小山宇兵衛〈右兵衛〉）である。正勝は刀剣のみならず、亦砲工の技にも熟達しており、鍛刀を長子（小山）寿太郎に、砲工を次子・四郎八に伝授した、[36・62] とある。江戸時代のことであるから、「鉄砲」＝「火縄銃」のことである。

このころ同田貫刀工では、坂下手永以外も鉄砲製造を始めていたらしい。天保九年（一八三八）の記録には、坂下手永同田貫の鉄砲について、「最近作っている大筒は格別に手際よくできている。藩内で多くの職人が鉄砲を造っているが、大部分は小筒しか造らない」とある。[36] 同田貫の技術がほかよりも優れていたことがわかるエピソードである。

長崎に洋船現わる

同時代の天保七年（一八三六）、熊雄の祖父・初太郎は、鉄炮五拾挺之副頭の転役の件についてや、天保一一年（一八四〇）七月の炮術師役志賀稽古場火薬より失火（「文政一二・後年要録」）などの記録を残している。これを見ても初太郎が鉄炮、炮術などに気をかけていたことが読み取れる。

これらの同田貫刀工および惣庄屋を中心として行なわれた鉄砲製作は、「幕末」という時代の必要に迫られたものであった。そのころ隣国・清国では「アヘン戦争」（一八四〇～四二）が起きており、日本の周辺には多くの外国船が来航していた。また、熊本から有明海を挟んだ向こう岸が長崎ということもあって、防衛としてこれまでの同田貫刀だけではなく、鉄砲製造が急務となっていた。

「文政一二・後年要録」には以下の記録がある。アヘン戦争の二年後の天保一五年（一八四三）七月二日の記録である。

> オランダ王国より使者の船長崎へ着岸、前以て通商のオランダよりその段申し出候に付、諸家様方御人数被差出候用意有の、この元も一番手二番手迄その用意被仰せつけ、浦々の大小船二丁川口に乗り廻し被仰せつけ、六月二二～二三日より盆前中滞船、兵糧・武器等熊府より同所へ運送被仰せつけ、九月二八日右船帰帆。

この翌年の弘化元年（一八四四）正月、初太郎の婿養子となる二〇歳の助之は、太田流鉋《ママ》術の後藤源太佐衛門先生に入門、嘉永元年（一八四八）四月には炮術入樹、つまり鉄砲を射ている（「嘉永三・後年要録」）。この後藤源太佐衛門（太田流）というのは、おそらく先の坂下手永同田貫の内田（小山）四郎八が文政元年（一八一八）から天保九年（一八三八）の間に「鉄砲を製造し、納入した」という記録のある、藩の砲術師

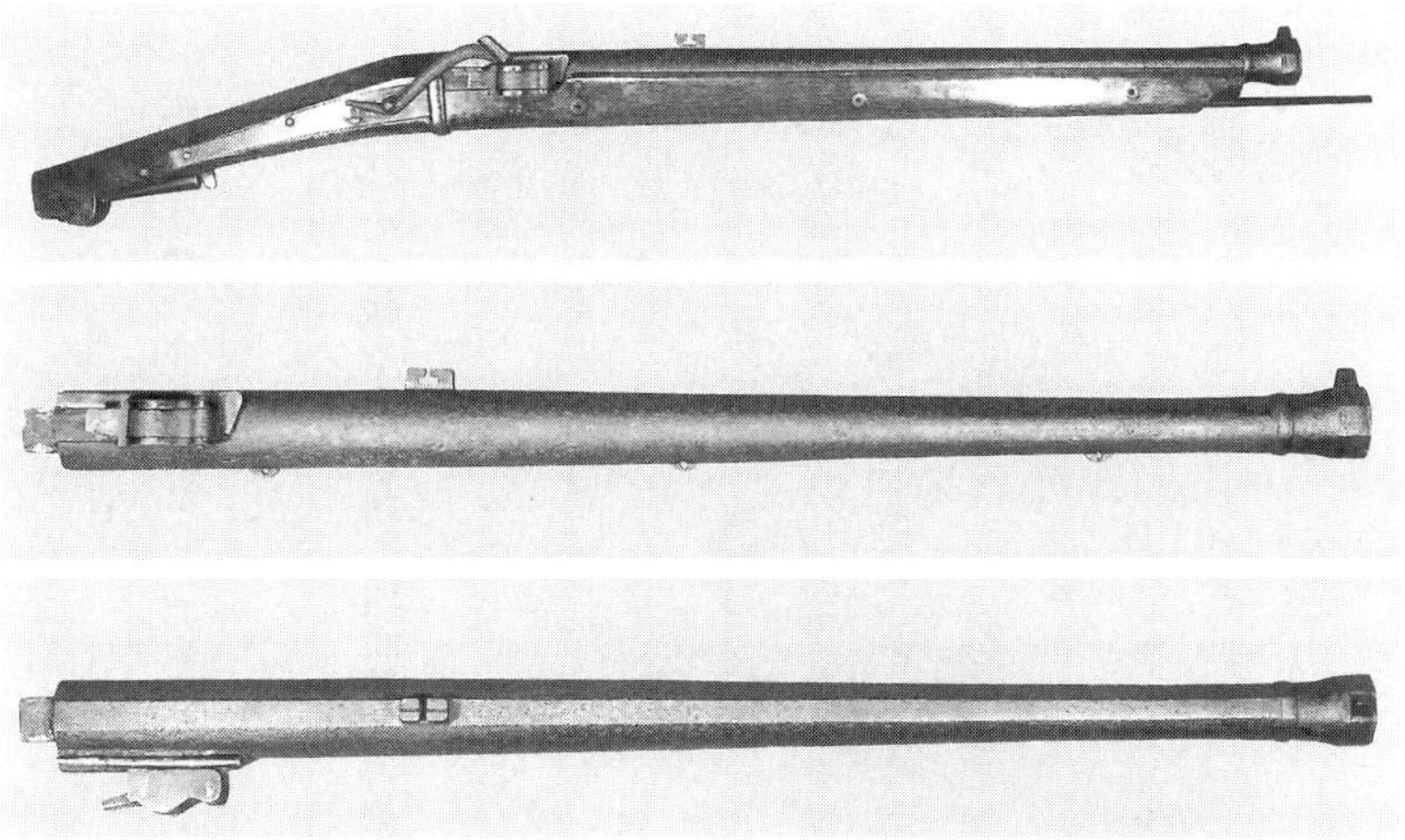

図5-12　火縄銃鉄砲 同田貫正頼　弘化3年（1846）
全長　103.1センチ　銃身長　68.7センチ　口径　2.2センチ　銘「弘化三午冬　同田貫内田四郎八正頼（花押）」熊本玉名市立歴史博物館蔵　（玉名市立歴史博物館こころピア企画展2005「同田貫―豪刀と幻の銃―」p.15より引用）

範の一人、後藤惣左衛門の関係であると思われる。もちろん、四郎八はこのあとも多くの銃砲を製造して藩に貢献し、安政四年（一八五七）ころには次男の内田軍八が跡を継いでいる[36]（図5―12）。

　助之は、この後藤源太佐衛門先生の門派からは嘉永二年（一八四九）閏《うるう》四月には離門している。前年の嘉永元年（一八四八）一二月に、助之は菊池木下家から伊倉木下家の初太郎の婿養子として引越婚礼を行なっているため（「文政一二・後年要録」）、おそらくこの引っ越しが後藤（太田流）離門の理由のひとつであろう。しかし、ひと月もたたないうちの五月には、今度は原野新四郎先生の門下の炮術に入門し、六月には原野先生のところで初榭を行なったようである（「嘉永三・後年要録」）。

　そのあいだ、外国船の動きは激しくなるばかりであった。弘化三年（一八四五）六月、初太郎は、「長崎に異国船渡来、無程出帆、フランス船の由。六月薩摩琉球国に右同断、若殿様不時御下国、同月相州浦賀にも北アメリカ州船二艘右同断、八藩の御人数被差出、右両所共無程出帆の由、」と立て続けに記録している（「文政一二・後年要録」）。助之が初太郎の婿養子に入った同じ年の嘉永二年（一八四九）七月一一日には、五嶌兵部、松前為吉宛ての「異国船渡来に付、城築立、海岸防禦に勤むよう指示する」との書類が木下家文書に残されている。[23]

ペリー来航――最新式西洋鉄砲の製造を推進

嘉永六年（一八五三）六月、ペリーが浦賀に来航する。初太郎は浦賀に渡来したペリーの軍船についての情報を熊本まで一〇日ほどで入手し、内容を記している。続いて七月一七日にはロシア船が長崎に渡来し、九月に去り、一二月に再度渡来し、一八五二年の二月八日までいた、と記録している（「文政一二・後年要録」）。この年の冬、関町（南関）において木下助之（徳太郎）は、岡本久衛門・津留次郎左衛門・瀬上権之助などと共に鉄炮製作の世話人を仰せつかる。この件について、初太郎が嘉永六年（一八五三）の「事業」として「鉄炮政策水車運具方仕立」と書き残している（「文政一二・後年要録」）。黒船出現と、それに対する諸外国への初動としては非常に速い対応である。

翌年の嘉永七年（一八五四）正月二一日、アメリカ船七艘が再び江戸表渡来する（「文政一二・後年要録」）。それを受けてか、二月一日、助之は前年と同じメンバーと共に四名、西洋流修羅筒製作の研究に精を出すよう通達を受ける。これは杉浦津直から惣庄屋木下初太郎宛ての要請であった（「嘉永三・後年要録」）。時に初太郎五一歳、助之三〇歳である。

また、閏七月一二日の日付のある木下初太郎宛、差出人小山門喜による書簡「雷銃之図入用」が木下家文書に残されている。[25] 年号が無いが、閏七月一二日は閏七月ということと内容から、おそらく嘉永七年のものとみてよいのではないかと思う。また、この小山門喜という人物は、おそらく坂下手永亀甲村同田貫刀工・砲工の小山正勝（宇兵衛）の関係で、「雷銃」とは西洋の新方式の「雷管銃」鉄砲のことではないかと考えられる。

この年はまさに木下初太郎・助之父子による木下惣庄屋の南関手永の事業として、最新式の西洋流の銃砲製造を推し進めた年といえる。六月六日には、助之は続けて池部弥一郎に炮術入門をしている。ただし、付記として、池部先生が熊本を留守にしていたので、親啓太殿に入門とある（「嘉永三・後年要録」）。さらに八月から九月にかけては、二〇日ほどもかけて西洋炮製作の用法を研究するために長崎まで出かけている（「文政一二・後年要録」）。初太郎は、「異国船が追々所々に渡来、七月イギリス四艘長崎に来、オランダ本国船一艘も長崎に来、九月ロシア船一艘大坂に来て追いてしかして浦賀に回る」と書き記している（「文政一二・後年要録」）。

翌年の安政二年（一八五五）、南関手永の事業として初太郎は、「製硝発起」と記録している。硝とは「硝石」のことであり、黒色火薬の原料の七五パーセントを占める主原料として、まさに文字どおり〝きな臭い〟銃砲に必需品であった。南関手永の鉄砲製造所を作り上げる過程で技術的な指導者となったのは、南関手永の鉄砲製造記録によると「和田源太郎」という砲工であったらしい。和田源太郎は西洋流の銃砲製造にかけては無類の上工であり、文久三年（一八六八）以来、坂下手永繁根木でも西洋流の鉄砲製造を開始し、南関と坂下を合わせると数百人の細工人に指導を行なったとされる。[36]

安政三年（一八五六）六月、幕府は異船防御のため、日本国中の寺院の撞鐘を大砲・小銃に造り替える旨の御達を出す。惣庄屋であった木下家もその連絡を受ける（「文政一二・後年要録」）。

安政四年（一八五七）四月一一日、西洋流炮中段目録ならびに本目録一同に相伝と助之による記録があり（「嘉永三年・後年要録」）、初太郎・助之をはじめとする南関手永事業は軌道に乗ったことがうかがえる。さらにその成果に対して、九月二八日西洋流の筒製作に関して「心魂を砕き心配仕え候」ということで、「御小袖一、金子弐百疋拝領」（「文政一二・後年要録」、「領国」）と、報償をもらったとある。またこの件は、「嘉永三・後年要録」においては、御郡代に呼ばれて、南関において、西洋流之筒製作に「心魂を砕いて」種々研究し、その仕法が成就したということで「作紋麻上下一具、金子百疋」をもらったとなっている。これは「文政一二・後年要録」では九月二八日の出来事、「嘉永三・後年要録」では一〇月一一日の出来事となっており、日付に若干のずれがあるが、内容から考えると同じ件に見える。

さらに一〇月三日には、公議御目附・岩瀬伊賀の守が天草より八代を海路渡って熊本に帰る途中、御細工頭格（御徒目付）・平山謙次郎、小森田角左衛門方、御小人目付・鈴木欣三郎殿　角屋次右衛門方と共に南関に宿泊したとの記録がある（「文政一二・後年要録」、「嘉永三・後年要録」）。その際に南関製の銃を賞誉され、翌日（一〇月四日）筒（鉄砲）と雷冒《ママ》の両方を差し出したところ、また賞賛され、平山殿と伊賀守の双方から「手跡《ママ》を頂いた」とある（嘉永三・後年要録）。つまり、この時には南関手永事業は、「事業」として数年で非常な成功の域に達していたとみえる。

ゲーベル銃の国産化

文久二年（一八六二）八月二一日、薩摩藩と騎馬の英国人の間に「生麦事件*」が起きる。それからひと月もしない九月二八日、木下助之は南関手永にて西洋筒製造方見扱に、一〇月一九日には御用鉄砲を前述の坂下手永亀甲村同田貫刀工・小山正勝の二男、砲工・内田四郎八に製造させるに付き「製造方御用懸」に任じられる。また同時に、南関手永製造方についても御用懸を任じられている（「嘉永三・後年要録」）。

文久三年（一八六三）、助之は今度は砲器類を新規に製造するとして、その御用懸に任じられる。砲器類から西洋筒ということで、ますます武器の範囲が大きくなってゆき、これは元治二年（一八六五）正月には坂下・南関手永の両方での小銃製作の御用懸へとつながっていく（「嘉永三・後年要録」）。鉄砲は、改良をさらに重ねられたとみえ、慶応二年八月（一八六六）には、玉名御惣庄屋共が差出人となった「方今之時勢ニ付御内意之覚（在中帯刀以上の者　組合を立てケーヘル筒　打方修練いたす事）」の文書が残されている[21]。

この「ケーヘル筒」というのは、「ゲーベル銃・ゲベール銃（Geweer）」のことであろう。ゲーベル（geweer）というのはオランダ語で「小銃」の意である。天保二年（一八三一）に*高島秋帆《たかしましゅうはん》が輸入した一七七七年式オランダ歩兵銃が代表的で、火縄銃との違いは点火方式である。もともと火縄ではなく火打石で点火する形式であったが、一八四五年からはさらに火打石式から「雷管式」の発火装置に改良されている。幕末には諸藩で模造、国産化された銃である（広辞苑、第四版）。

〈編集部註〉
＊生麦事件　文久二年（一八六二）八月二一日、島津久光の行列が「生麦」（現・横浜市鶴見区）に差しかかった際、イギリス人四人が騎馬のまま行列の前を通り過ぎようとしたのを怒り、一名を斬殺、二名を負傷させた。翌年、イギリス軍艦の鹿児島

砲撃（薩英戦争）の原因となったが、幕府は責任を負い、償金一〇万ポンドをイギリスに支払った。
*高島秋帆　一七九八～一八六六。幕末の兵学者。日本近代砲術の祖。名は茂敦、字は舜臣。通称・四郎太夫。長崎の町年寄兼鉄砲方。蘭学・兵学を修め、オランダ人につき火技・砲術を研究。一八四〇年「アヘン戦争」に刺激されて洋式砲術採用を幕府に上申、江川太郎左衛門の支持を得て江戸に出、郊外・徳丸ヶ原で砲術の実射演習を行ない名声を得た（一八四一）。鳥居耀蔵の讒言にあい下獄。ペリー来航を機に許されて、一八五六年講武所砲術師範役となり、幕府の軍制改革に尽力した。

明治維新――木下家のその後

この後、江戸幕府が斃れるが、明治元年一一月には「差出人　御惣庄屋共」となっている御内意申上覚「海辺、境目警衛の入費見込之趣[24]」が残されており、また翌年の明治二年二月には実際に海岸御境目筋の手永銃隊や、大浜の河原にて小田手永・内田手永銃隊、晒御渡において坂下手永銃隊を見学紹介を担っている（「文政一二・後年要録」）。

「防御」は明治になってもまだ手永・惣庄屋の仕事であった。手永制度と惣庄屋制度は明治三年（一八七〇）八月に廃止され、手永は「郷」と改められた。維新は熊本には「明治三年にやってきた」と云われるが、まさにその通りであったことが記録から明らかである。

さらに明治二二年（一八八九）、伊倉北方、伊倉南方、宮原、横田、片諏訪の五ヶ村が合併したのが「伊倉町」である。ただし、「伊倉町」の名称自体は、古くからこれら村々の総称として使われてきた。寛永一六年（一六三九）「玉名郡田畠高帳」（「伊倉南八幡宮文書　補50」）には「伊倉町唐人屋敷」とあり、「七石壱升八合六勺七才　御物成三斗五升壱合」の引高がある「伊倉町」の名が見られる。しかし、行政的には明治二二年になるまで各村に分割されており、現実的には町として機能しているのにもかかわらず、

【図2-5a、b】の「正保国絵図」では、伊倉北方、伊倉南方と分割されて記される、実体のない「物名」であった。[63]

また、上記の鉄砲製作とは別に、木下家は国際交易に関してはその後も関わっていたこと、およびその内容に関しても深く把握していたことがうかがえる。たとえば草稿として、多くの交易について、

「内議草稿　夷人との諸産物交易における洋銀と歩銀の交換規定設置について」[13・14・15]

「長崎表にて夷人へ売渡候茶代之儀洋銀交換について」[16]

「付紙之草稿　諸外国との交易における洋銀交換の仕法」[17・18]

一〇月の日付がある荒尾角兵衛産物方からの覚として「洋銀と歩銀交換規定を決するを願う」[19]

などの書類が残されている。

これらの草稿には年号がないので一概に言い切れないが、万延元年（一八六〇）に「春金子之値段大に引揚、近年夷人通商に付而して茶・蠟・絹・石炭その他　種々之価　引き揚げ候内、当春　金子直段　俄かに引揚、通用之判金壱歩金三両壱歩にしかして御引替被り仰せ付け趣をも御達しに相成り、その外慶長金の七〜八両にも及ぶ候程之直段也……」（「文政一二・後年要録」）との記録が残っており、さらに四月の日付で、木下（助之）による覚書として「産物方は目利きの益にのみとらわれず国民の益を考えて功業に務めるよう進言」[20]という草稿が残っているので、時期的にはこの前後のものかもしれない。いずれにせよ、江戸時代より前から国際貿易港であった伊倉の木下家ならではの視点と指摘といえる。

木下家の人びと——新進気鋭の学風

三つ目のグローバル性の背景は、木下熊雄の周辺の身近な人物の視野の広さと、科学への指向性である。

木下熊雄の父・助之（初名・助之允、徳太郎、諱・雅隆）は文政八年（一八二五）一一月一五日、熊本県菊池郡今村（韓磨邑）に生まれる（図5―1b）。木下右衛門の四男であり、長兄に「木下韡村」がいる。助之はのちに、嘉永元年（一八四八）、当時南関手永惣庄屋であった木下初太郎の婿養子となる（「嘉永三・後年要録」）。嘉永元年九月の木下初太郎から御郡御奉公所宛の「木下徳太郎婿養子願い」の書簡が残されている。[10]

助之の人柄に関して、「熊本県玉名郡誌」では「松尾常」との署名で「識慮高卓、倹素自持」であると評している。[30] また、木下助之墓碑銘にはその人となりは「方正厳粛　思慮周密　幼年習武及服政務　以興利除害」（明治三四年一月）とある。[57]

木下熊雄の父・助之の長兄は、木下韡村[29]（諱は業広、字は子勤、士勤、名は宇太郎、のちに真太郎）である。伊倉と同じく菊池川左岸、肥後菊池郡今村にある。韡村の洋学観と学風について、*安井息軒《やすいそくけん》が「木下子勤墓碑銘」で以下のように記している。

「及（二）洋学興（一）。門人有（下）読（二）蟹文字（一）者（上）。則勉以通（二）—観大勢（一）。講（二）—究丘略（一）。」

「西洋の学問が日本に入ってきて、横文字（蟹字）を読む者が門人中にも現れてきた。世界の大勢を

広い視野から観察し、軍事戦略を研究するには西洋の学問を学ぶ必要がある。」（古賀釈文）

「第四章」で述べた、のちに文部大臣となる犇村の娘婿の井上毅も明治五年（一八七二）に渡欧、京都大学（京都帝國大学）の初代総長を務めた二男の「木下廣次」（一八五一～一九一〇）はフランスに留学しており、[29] 木下家にはフランスから木下廣次が助之に宛てた書簡が残っている。[26]

一方、熊雄の祖父・助之の養父・木下初太郎（諱・國均、文化元年〈一八〇四〉六月一日生）（**図5－1c**）については、教育熱心家で、とくに経済が得意、文化輸入の先達であったといわれる。[30] 事業の主なるものとしては、

・大野牟田水害普請
・海辺塘手の普請
・零落村の救済
・紙製奨励（楮栽培）
・西洋流文筒製
・養水力水苗の仕立方（洪水後）
・高瀬お蔵及び茶屋の普請
・高瀬藩設置の計量世治等

であり、公益事業に尽くしたことがうかがわれる。

「玉名郡誌」では、「先生は謹直と強記とを以て聞こえた方であった。殊に算数の方面に明な方であった。

和漢の学にも固より造詣あり……」（「攻玉」第三号、「熊本県玉名郡誌」）とあり、また、伊倉・木下初太郎墓碑銘にはその人となりとして「方正勤倹　好書精算術　善和歌」[57]とある。

助之・初太郎の人物評と、帝國大学動物学教室の後輩・大島廣が木下熊雄について、「闘志満々、後輩を〝教育〟するのに毫も呵責しないおそろしい存在だった。頭が鋭く、大抵の人間がバカのようにみえるらしく辛辣に人を批判する。元気者で昼間は潜水採集の指導で鍛えられ、夜は宗教論などで理屈攻めにあった」と述べているが、この人物評と彼ら三人の写真と並べると、どこか納得できるような感じがしてくる。

〈編集部註〉
＊安井息軒　一七九九〜一八七六。幕末の儒学者。日向飫肥（おび）藩に仕え、のち昌平黌（しょうへいこう）の教授。一八五三年のペリー来航につづいてプチャーチンの来航に際し、『海防私議』を著し時事を説いた。

彗星を科学的に観察

木下熊雄の祖父・初太郎の日記を、父・助之がまとめた「文政一二年（一八二九）丑正月後年要録」では、たびたび「彗星」について記述してあり、それが非常に正確であり、科学的にも正しい記録であるため、今日においても観察記録として役に立つものである。

初太郎は天保六年（一八三五）の旧暦八月末から九月初旬に「ハレー（Halley）彗星」（1P/1909 R1）が西北に現れたことを記録している。

〈ハレー彗星（Halley 1P/1909 R1）〉

天保六乙未歳閏七月　歳三十二

自八月末至九月初　彗星西北ニ現

この年は天保の大飢饉であり、目撃記録は存在しないとされている。[41]

また、嘉永六年（一八五三。ペリー来航の年）の旧暦七月半ばから、初昏（日暮れの薄明のころ）の西北西の方角に、地平より一七～八度に彗星が現れ、夜々に低くなっていき、七月末には見えなくなった、と記している。これは非常に正確な記録であり、おそらくクリンケルフュース（クリンカーフューズ Klinkerfuse）彗星（C/1853 L1）と考えられる。

〈クリンケルフュース彗星（Klinkerfuse C/1853 L1）〉

嘉永六癸丑歳　歳五十

七月　彗星見、当月半八頃より初昏戌方ニ地平より十七―八度に現、夜々ニ低ク成　至月末不見

また、安政五年（一八五八）にはドナチ（ドナティ Donati）彗星（C/1858 L1）を記録している。

〈ドナティ彗星（Donati C/1858 L1）〉

安政五戊午歳　歳五十五

八月　彗星暁見東北、月末に至夕に西北に見、長大四〇度に及漸南に転移、九月中旬に至不見
〈文政一二年〈一八二九〉丑正月「後年要録」〉

文久元年（一八六一）には、テバット（Tebbutt）彗星（C/1861 J1）について観察している。

〈テバット彗星（Tebbutt C/1861 J1）〉
万延二辛酉歳　歳五十八　二月改元、文久元年也
五月　彗星西北に現、二五日夜頓に顕る、星体蒙昧雖《いえども》不可明見太白（宵の明星＝金星）よりも大にして其尾百度に及ぶ、翌晩より次第に小クなり七月上旬に至不見〈文政一二年〈一八二九〉丑正月。「後年要録」〉

これはいわゆる一八六一年の「大彗星」（Great Comet）と呼ばれるもので、「後年要録」の記述のとおり非常に明るかったことが知られている。このことからも初太郎の記述が科学的にも信頼のおけるデータとなることがわかる。

〈スイフト・タットル彗星（Swift-Tuttle 109P/Swift-Tuttle）〉
文久二年壬戌歳閏八月　歳五十九
七月　彗星西北に現、二五―六日より漸見、其尾光微にして長き事二―三尺、漸南遷赤道を越八月

中旬に至不見

つづく文久二年（一八六二）のスイフト・タットル（Swift-Tuttle）彗星（109P/Swift-Tuttle）に関しては、比較的規模が小さかったことから、出現の記録が見いだせないとされていた。[41] しかし、山口県下関市の真言宗　福仙寺にこの彗星の記録が残されており、日本で唯一の記録といわれている（宗教法人真言宗　福仙寺所蔵　幕末期の彗星スケッチ　**図5-13**）。「後年要録」にはしっかりとこの彗星の記録が残されており、日本における彗星の記録としても非常に重要なものである。

その他、初太郎が記録している彗星のうち、「文政一二年後年要録」に記されているものは次のとおりである。

〈コッジャ彗星（Coggiás Comet C/1874 H1）〉
明治七年（一八七四）甲戌　平年　七十一歳
七月上旬　彗星夕に西北に顕、初昏（日暮れの薄明のころ）亥の方に見ゆ、星体、尾、共に微小
六―七日にして隠る。報知新聞三九四号に七月二日横浜で北方に彗星を見るの由を載す

〈テバット彗星（The Great Comet of 1881 C/1881 K1）〉
明治一四年（一八八一）辛巳年　平年　七十八歳
六月末より　彗星西西北に出現。尾長三―四尺　北極に近接　恒顕界の内にある故に、昏暮に西西

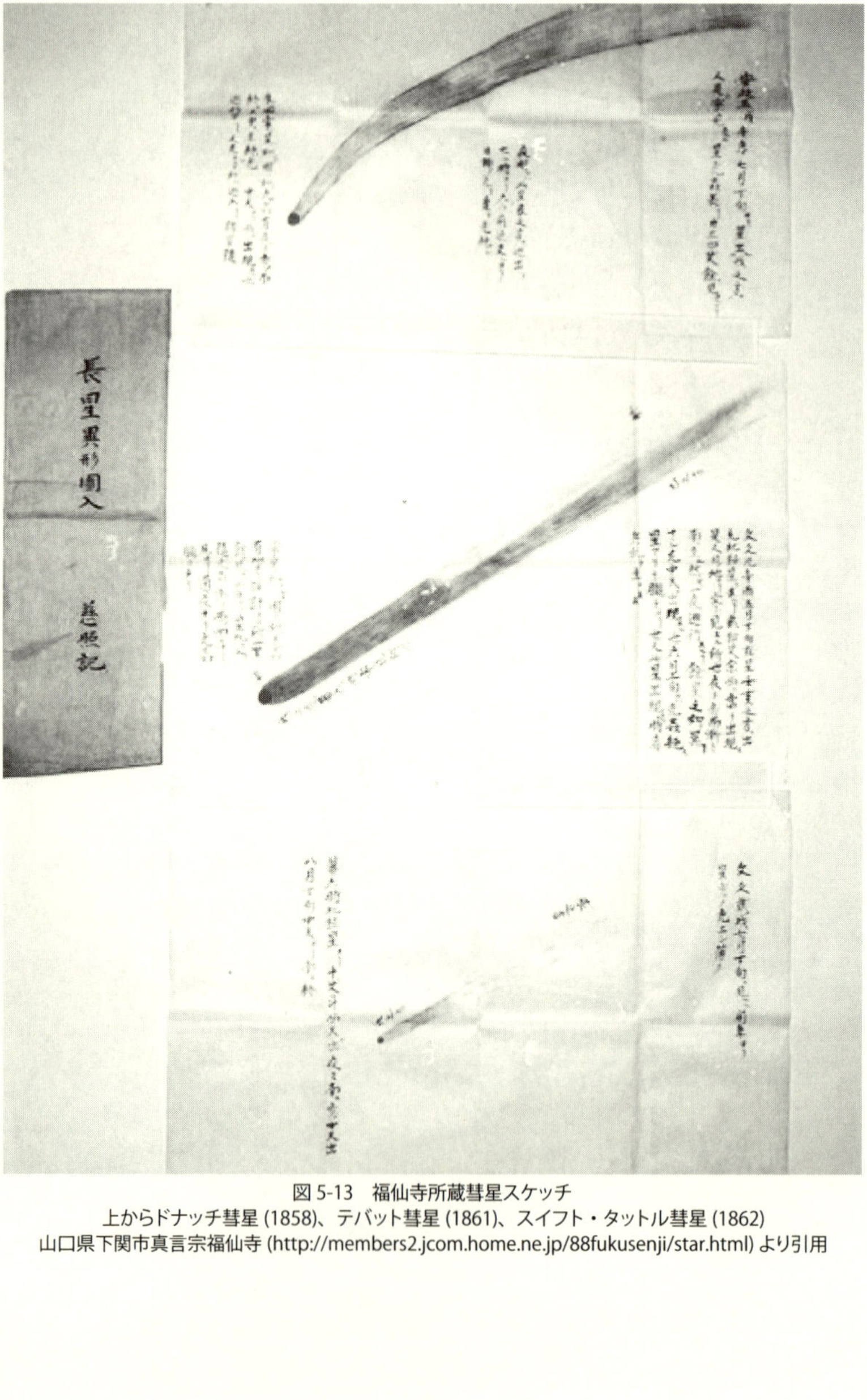

図 5-13　福仙寺所蔵彗星スケッチ
上からドナッチ彗星 (1858)、テバット彗星 (1861)、スイフト・タットル彗星 (1862)
山口県下関市真言宗福仙寺 (http://members2.jcom.home.ne.jp/88fukusenji/star.html) より引用

北に見え、暁に東東北に見え、終夜地平に没入せず。
七月中ようやく微小になり、八月中旬に消滅
八月　彗星また西北に現れる。前述の星ようやく微にして有るかなきかの頃にはるかに所を変え、西より少し北によりて顕れ、速に南に移り九月上旬月光にて見えずなりてやみぬ。

このような記述からすると、木下熊雄の甥・国助（木下順二の兄）が天文学に進んだのも、あるいは曽祖父の初太郎にそのルーツがたどれるのかもしれない。

氷の結晶のメカニズムを発見

初太郎はまた、新しいものを導入することに関しては、「世界地図を編し、地球儀を研究し火薬の製法に意を用いられし如き……」（『攻玉』第三号、「熊本県玉名郡誌」）といわれ、厳寒の夜、通夜燭（あかり）をともして、氷の結ぶ実状を調査し、「針状のものがパッパと集り、堅氷の基を造る」ことを発見し、発表したという実験的研究家であったともいわれる。[30]

木下助之も、「第三日記」（安政三丙辰年正月元日から安政六年九月十五日）にて、「安政三年四月廿九日、水銀晴雨計・験液器・眼鏡が届いた、京都・高木春芳から『植物学啓原』『理学提要』を二部下す」と、理学の実験道具や文献といえるものを入手したことを記録している。[49]

これらのことからも、木下家では江戸時代から常に新しい学問や科学の知識が日常的に存在している環

境であったことがわかり、熊雄の兄・季吉が物理学に熊雄が動物学に進む素地があったともいえる。また、初太郎や助之が惣庄屋の事業として行なったさまざまな新技術導入や開発、大工仕事が得意だったという季吉や、やはり〝木彫〟が得意で新しい船の櫓の構造を設計したりしていた熊雄の行動にも重なるところが多い。彼らは常に、現実をよりよくすることが生業となっており、知識や学問を実際の「実学」に応用する姿勢は木下家の者として共通している。

木下熊雄のグローバル性を育んだ三つの要因

土地のグローバル性、時代のグローバル性、人物のグローバル性という〝三つ〟の背景のもとに、木下熊雄とその一族は理系の学問の道に進んだ。木下熊雄自身は留学をしていないが、論文などは常に新しいものをドイツやイギリスから収集し、把握していた。

祖父・初太郎の「彗星記録」に通じるような、木下熊雄の痕跡として、一九二三年（大正一二）発行の「熊本県玉名郡誌」の「第二編　博物第一章　動物　無脊椎動物リスト」がある。

木下熊雄は一九一二年に東京帝國大学に博士論文を提出し、理学博士号を授与されたが、その後、一九一四年には郷里の熊本に帰っている。郡誌の発行が大正一二年四月三〇日であるが、ここのリストの動植物の内容が、どうみても当時の東京帝國大学動物学教室の知識を持ったものでないかぎり出てこない生物が満載であり、非常に興味深いものとなっている。

一部を抜粋すると以下のとおりである。

【無脊椎動物】（◎印玉名郡内所産）
◎アメーバ（流虫）　原始動物　池沼中ノ藻類ニ付着ス
◎イソギンチャク　珊瑚類　海産一種ヲ食用ニ供ス
◎ウミウチハ　珊瑚類　海産装飾用
ウミエラ
ウミシャボテン
ウミトサカ
ウミハネウチハ
海ヒバ（図5―14　fig.1）
◎ウミマツ　珊瑚類
ウミヤナギ
大金ヤギ（図5―14　fig.3）（図4―3）
オベリア
オベリア・ゲニクラタ
クダサンゴ　珊瑚類　海産
サクラヤギ
◎シロクラゲ（ミヅクラゲ、ヨツメクラゲ、モチクラゲ、ユフレクラゲ）水母類

ソデカブト
人類マラリア蟲
ツェツェフライス
◎ヒドラ
ヒドラクチニア
ピピンナリア
ミレポラ
桃色珊瑚
ヤナギウミエラ
レプトメヂューサ
ロブスター

この「リスト」の特徴として、まず一つ目は「玉名郡誌」なのに玉名に生息していない生物までなぜか大量に入っている点がある。むしろ玉名に生息していない生物が多勢を占めている。人類マラリア蟲やツェツェフライス（Tsetse flie ツェツェ蝿＝吸血性でアフリカ睡眠病を起こす。アフリカに分布）に至っては、なぜ入っているのかもわからない。ロブスター（lobster）も英語のままであるし、そもそも北大西洋産である。おかげでリストはやたらと長く、解説も無いのに一三三ページ（昭和六一年〈一九八六〉復刻版）にもわたる。

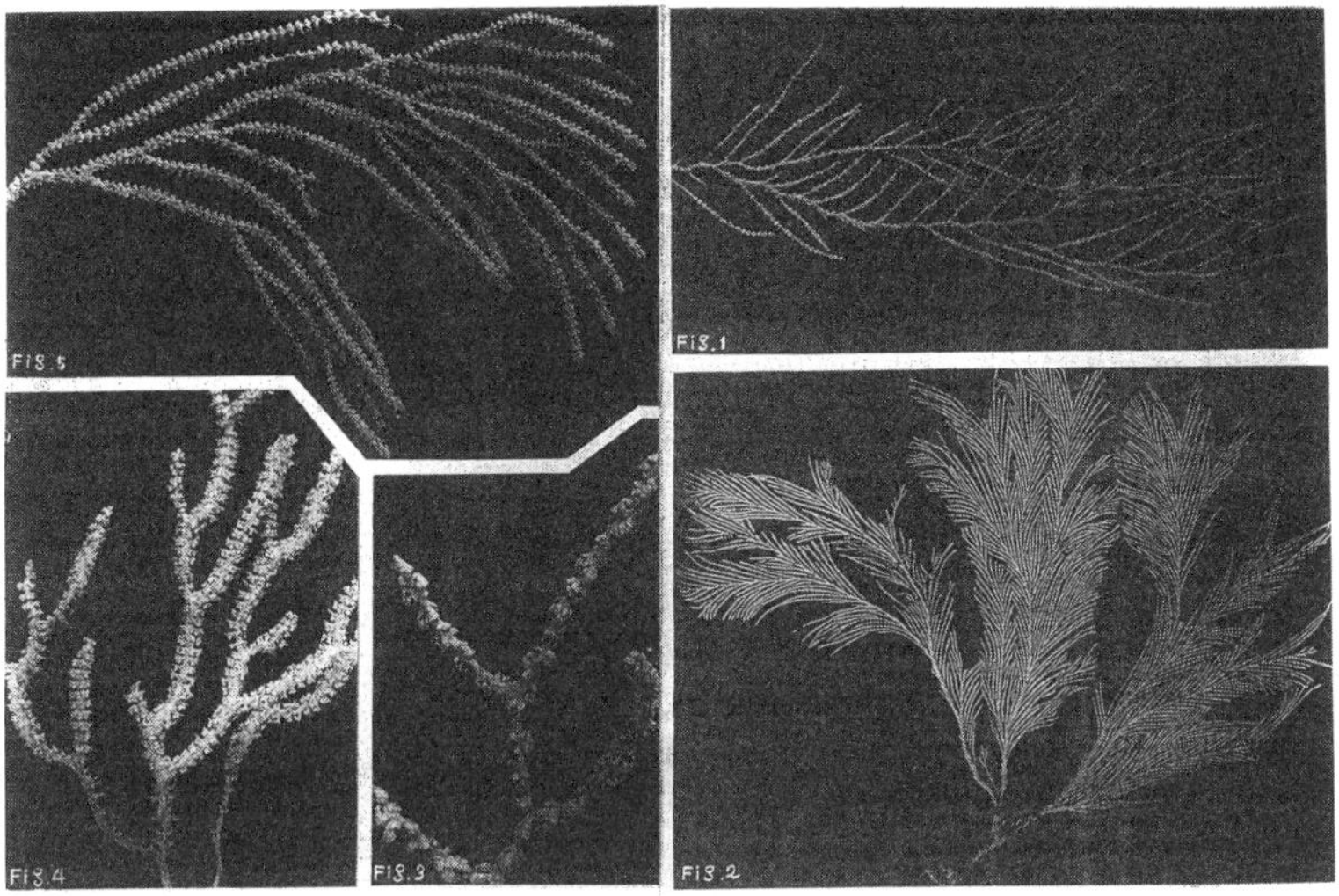

図 5-14　木下熊雄論文より木下熊雄による新種の深海・冷水域八放サンゴ (CWC)
「海ヒバ（図内右上 Fig.1）」「オホ金ヤギ（図中央 Fig.3）」（木下 1908c 動物学雑誌 第十八版）

二つ目の特徴として、木下熊雄が専門としていた「刺胞動物」(Coelenterate) について、かなり詳しく記述している点である。オベリア、オベリア・ゲニクラタ、ヒドラクチニア、ビピンナリア、ミレポラ、レプトメヂューサはラテン語名でそれぞれ〈*Oberia*〉（オベリア属のヒドロ虫）、〈*Oberia geniculata*〉（オベリア属の中の一種）、〈*Hydractinia*〉（海産ヒドロ虫）、〈*Bipinnaria*〉（ヒトデ類の浮遊型幼生）、〈*Millepora*〉（ヒドロサンゴ類）、〈*Leptmedusae*〉（ヒドロクラゲ）である。この「ヒドロ虫類」というのは昭和天皇が御研究されていた海産生物である。

ウミハネウチハ、海ヒバ、大金ヤギやサクラヤギ、ソデカブト、は木下熊雄が東京帝國大学在学中に研究し、記載命名した深海・冷水域八放サンゴの新種や、熊雄による新和名の種であり、分布が相模湾以北のみである北方種なども含んでいる[27]（図5—14）。当時、日本国内で同様の研究をしている人間は存在しなかったうえ、あえてこれらをリストに入れる人物は「木下熊雄」しか考えられない。参考にした「熊本県玉名郡誌」はとくにこの項目の「著者」が記載されていない。もちろん、本人が直接このリストを作製したのではない可能性もあるが、まったく関わっていない、と言い切ることが難しいほど、あまりにも専門的すぎる内容といえる。今後の確認が必要である。

科学者としての〝あるべき姿〟

木下熊雄をはじめとする明治の木下家の学問・研究に進んだ人びとの「世界を常に視野に入れつつ」、「軽々しく周りに左右されない」という科学者のあるべき姿の背景には、このような複合的で必然的な核心があった。その前の世代の初太郎や助之は時代的に研究を職業にするわけではなく、その研究を社会のために生かすという、非常に人間的な（また実学的な）ものであった。しかし初太郎や助之にとっても、おそらく、彗星の観察や氷の観察、寒暖計の観察などは社会に還元されるようなものではなく、単なる一個人の純粋な学問に関しての知的な喜びのためであっただろう。

そのことを念頭に置くと、木下熊雄のいう「自分は大学教授などには断じてならないぞ」という言葉は決して傲慢なものではなく、むしろ学問をするうえで非常に誇りを持って言われた言葉であると感じられてくる。そして、木下熊雄の背景にある「伊倉」という元国際貿易港の「立地」というグローバル性、幕末から明治にかけての外国勢との攻防と西洋の文化の取り入れという「時代」的なグローバル性、そして何よりも身近な木下家の人びとという「人物」的なグローバル性を合わせると、木下熊雄が、同時代の科学者たちの論文での数字の桁数に対して「西洋人がやたらと細かい桁まで出しているのを見て、何も考えずに同じ桁まで出さないと怖いと思っているのは、単に夷狄《いてき》に盲従しているだけである」[28]と批判している言葉の内容が、より深い意味、つまり木下熊雄の世界的立場を表しているだろう。

引用文献

〔1〕Anonymous　二〇一一年九月三日「八十三歳、船大工の腕健在」三陸河北新報社
〔2〕犬童美子　二〇〇〇「木下家の一五〇年」　くまもとの女性史　資料編、くまもと女性史研究会、熊本日日新聞情報文化センター
〔3〕井澤蟠龍　宝永六年（一七〇九）「肥後地誌略（抄）」「玉名市史　資料編2　地誌」p.137-150.　玉名市資料編集委員会編　玉名市　一九九二年 pp.647
〔4〕石井謙治　一九八三「図説和船史話」図説日本海事史話叢書一　至誠堂 pp.394
〔5〕石井謙治　一九九五「ものと人間の文化史　和船Ⅱ」　法政大学出版局 pp.300
〔6〕石原幸男　一九九七「肥後同田貫について」企画展「郷土の刀剣・同田貫」玉名市立歴史博物館こころピア　有明印刷 pp.16
〔7〕城後尚年　二〇〇五「第一節　玉名郡の諸手永と物庄屋」玉名市史通史篇城館第五編近世第五章玉名郡の手永と村　玉名市立歴史博物館こころピア編　玉名市
〔8〕木下順二　一九八三「本郷」講談社
〔9〕木下順二氏寄贈木下家文書　家関係史料3「家記（先祖菊池郡刀工延寿家以来の由緒　木下助之充」玉名市立歴史博物館こころピア所蔵
〔10〕木下順二氏寄贈木下家文書　家関係史料4「口上之覚（木下徳太郎聟養子願）　差出人　木下初太郎　宛名　御郡御奉行所」玉名市立歴史博物館こころピア所蔵
〔11〕木下順二氏寄贈木下家文書　家関係史料133「遺産状　財産分与之標準　差出人　木下助之　宛名　木下弥八郎・季吉・熊雄」玉名市立歴史博物館こころピア所蔵
〔12〕木下順二氏寄贈木下家文書　家関係史料170「清国恵助父墓」玉名市立歴史博物館こころピア所蔵
〔13〕木下順二氏寄贈木下家文書　草稿211「内議草稿（夷人との諸産物交易における洋銀と歩銀の交換規定設置について）」玉名市立歴史博物館こころピア所蔵
〔14〕木下順二氏寄贈木下家文書　草稿212「内議草稿（夷人との諸産物交易における洋銀と歩銀の交換規定設置について」玉

名市立歴史博物館こころピア所蔵

〔15〕木下順二氏寄贈木下家文書　草稿２１３「九月　内議草稿（夷人との諸産物交易における洋銀と歩銀の交換規定設置について　差出人　産物方」玉名市立歴史博物館こころピア所蔵

〔16〕木下順二氏寄贈木下家文書　草稿２１４「（長崎表にて夷人へ売渡候茶代之儀洋銀交換について」玉名市立歴史博物館こころピア所蔵

〔17〕木下順二氏寄贈木下家文書　草稿２１５「付紙之草稿（諸外国との交易における洋銀交換の仕法）」玉名市立歴史博物館こころピア所蔵

〔18〕木下順二氏寄贈木下家文書　草稿２１６「付紙之草稿（諸外国との交易における洋銀交換の仕法）」玉名市立歴史博物館こころピア所蔵

〔19〕木下順二氏寄贈木下家文書　草稿２１７-１「十月　覚（洋銀と歩銀交換規定を決するを願う）　差出人　荒尾角兵衛　産物方」玉名市立歴史博物館こころピア所蔵

〔20〕木下順二氏寄贈木下家文書　草稿２１８「四月　覚（産物方は目先きの益にのみとらわれず国民の益を考えて功業に務めるよう進言）　差出人　木下」玉名市立歴史博物館こころピア所蔵

〔21〕木下順二氏寄贈木下家文書　草稿２２１「方今之時勢ニ付御内意之覚（在中帯刀以上の者　組合を立てケーヘル筒　打方修練いたす事）」玉名市立歴史博物館こころピア所蔵

〔22〕木下順二氏寄贈木下家文書　草稿２３６「長崎見聞録　機濃志多」玉名市立歴史博物館こころピア所蔵

〔23〕木下順二氏寄贈木下家文書　草稿２４５「嘉永二年酉七月十一日（異国船渡来ニ付、城築立、海岸防禦に勤むよう指示する）　宛名　五嶌兵部、松前為吉」玉名市立歴史博物館こころピア所蔵

〔24〕木下順二氏寄贈木下家文書　草稿２５９「御内意申上覚（海辺、境目警衛の入費見込之趣）　差出人　御惣庄屋共」玉名市立歴史博物館こころピア所蔵

〔25〕木下順二氏寄贈木下家文書　書簡３５０「書簡（雷銃之図入用）　差出人　小山門喜、宛名　木下初太郎」玉名市立歴史博物館こころピア所蔵

〔26〕木下順二氏寄贈木下家文書　書簡４１８「書簡　差出人　穀、宛名　木下助之・木村弦雄」玉名市立歴史博物館こころピア所蔵

〔27〕木下熊雄　一九〇八ｃ「Gorgonacea の一科 Primnoidae に付て（承前）：第十八版付」動物学雑誌 (Zool.Mag) 20(242): 517-528.

〔28〕木下熊雄　一九〇九「動物の大さの記載に付て」動物学雑誌 (Zool. Mag.) 21(249): 284-288

〔29〕古賀 勝次郎　二〇〇八「松崎慊堂・木下韡村・岡松甕谷—安井息軒と肥後の儒者たち」早稲田大学日本地域文化研究所編日本地域文化ライブラリー三「肥後の歴史と文化」古賀勝次郎編者代表　二〇〇八　行人社　東京　pp.310 p.49-80.

〔30〕熊本県玉名郡誌　一九二三（大正一二年）初版　昭和六一年復刻版　熊本県教育会　玉名郡支会　編纂　臨川書店　一九八六 pp.366
〔31〕松本亜沙子　二〇一一「明治の西洋動物学の黎明―木下熊雄」比較文明研究(JCSC)16: 103-129.
〔32〕松本寿三郎　一九八八ａ「（一）玉名地方の舟着場と浦々船数―肥後国絵図・道帳・有物帳から―」p.128-131「三　資料」（玉名市歴史資料集成　第三集「高瀬湊関係歴史資料調査報告書（二）」　一九八八（昭和六三年）　玉名市役所・秘書企画課編集・発行　pp.154
〔33〕松本寿三郎　一九八八ｂ「（二）肥後国中之絵図（正保国絵図）」p.131-134「三　資料」（玉名市歴史資料集成　第三集「高瀬湊関係歴史資料調査報告書（二）」一九八八（昭和六三年）玉名市役所・秘書企画課　編集・発行　pp.154）
〔34〕松本寿三郎　一九九二「玉名郡諸手永鑑類　解題」p.113-115「玉名市史　資料篇２　地誌」玉名市資料編集委員会編　玉名市　一九九二　pp.647
〔35〕松本寿三郎　二〇〇五「四　近世の美術　同田貫刀剣」玉名市史通史篇上巻第五巻近世第三章近世中後期の政治　玉名市立歴史博物館こころピア編　玉名市
〔36〕蓑田勝彦　二〇〇五「同田貫刀鍛冶による鉄砲の製造」　企画展「同田貫―豪刀と幻の銃」平成一七年　玉名市立歴史博物館こころピア p.17-19
〔37〕森山恒夫&村上晶子　二〇〇五「一　高瀬・伊倉町の構造と機能」玉名市史通史篇上巻第五巻近世第一章第二節加藤清正の支配　玉名市立歴史博物館こころピア編　玉名市
〔38〕成瀬久敬　一七二八「享保一三年 新編　肥後国志草稿（抄）」「玉名市史　資料編２　地誌」p.151-209　玉名市資料編集委員会編　玉名市　一九九二　pp.647
〔39〕岡田章雄　一九六八「五　朱印船と海外貿易」　著者代表　須藤利一「ものと人間の文化史　１・船」法政大学出版局 pp.353
〔40〕司馬遼太郎　一九八七「陸奥のみち　肥薩のみちほか」街道をゆく3　朝日新聞社　pp.292
〔41〕杉岳志　二〇〇五「書籍とフォークロア：近世の人々の彗星観をめぐって」一橋論叢　134(4): 723-744
〔42〕玉名市立歴史博物館こころピア企画展「木下順二展」一九九五　玉名市立歴史博物館こころピア　有明印刷 pp.43
〔43〕玉名市立歴史博物館こころピア企画展「郷土の刀剣・同田貫」一九九七　玉名市立歴史博物館こころピア　有明印刷 pp.16
〔44〕玉名市立歴史博物館こころピア企画展「朱印船貿易と肥後」一九九九　玉名市立歴史博物館こころピア　有明印刷 pp.24
〔45〕玉名市立歴史博物館こころピア企画展「同田貫Ⅱ―歴史に名を連ねる豪刀―」二〇〇四　玉名市立歴史博物館こころピア　有明出版 pp.24
〔46〕玉名市立歴史博物館こころピア企画展「同田貫―豪刀と幻の銃―」二〇〇五　玉名市立歴史博物館こころピア　有明印刷 pp.20

〔47〕玉名市立歴史博物館こころピア資料集成　第二集「木下順二氏寄贈　木下家文書目録」一九九九　玉名市立歴史博物館こころピア pp.60
〔48〕玉名市立歴史博物館こころピア資料集成　第四集「木下助之日記（一）」二〇〇一　玉名市歴史博物館こころピア 有明出版　pp.84
〔49〕玉名市立歴史博物館こころピア資料集成　第五集「木下助之日記（二）」二〇〇八　玉名市歴史博物館こころピア資料集成第六集 玉名民報印刷 pp.75
〔50〕玉名市立歴史博物館こころピア資料集成　第五集「伊倉城址―伊倉城址範囲確認調査報告―」二〇〇三　玉名市立歴史博物館こころピア　pp.260
〔51〕玉名市資料編集委員会編　一九九二「肥後国玉名郡誌（浄書本）」（「玉名郡誌下調」（稿本）明治一六年）p.223-258.（「玉名市史　資料編2　地誌」玉名市 pp.647）
〔52〕玉名市資料編集委員会編　一九九二「玉名郡是 明治36」p.425-609.（「玉名市史　資料編2　地誌」玉名市　pp.647）
〔53〕玉名市資料編集委員会編　一九九二「玉名市史　資料篇2　地誌」玉名市　pp.647
〔54〕玉名市資料編集委員会編　一九九三「玉名市史　資料篇5　古文書」玉名市
〔55〕玉名市役所・秘書企画課編　一九八七「高瀬湊関係施設目録　1987　玉名市歴史資料集成　第一集『高瀬湊関係歴史資料調査報告書（一）』」昭和六二年　玉名市役所・秘書企画課発行 pp.162
〔56〕玉名市役所・秘書企画課　編集　一九八八「玉名市歴史資料集成　第三集『高瀬湊関係歴史資料調査報告書（二）』」昭和六三年　玉名市役所・秘書企画課　発行　pp.154
〔57〕玉名市役所・秘書企画課　編集　一九八八「玉名市歴史資料集成　第五集『高瀬湊関係歴史資料調査報告書（三）―刻石文篇―』」昭和六三年　玉名市役所・秘書企画課　発行　pp.108
〔58〕玉名市市長公室　秘書企画課　編集　一九八九「玉名市歴史資料集成　第六集『菊池川下流域遺跡詳細分布調査報告書（一）』」平成元年　玉名市市長公室　秘書企画課　発行　pp.84
〔59〕玉名市役所秘書企画課編集　一九九一「玉名市歴史資料集成第八集　菊池川下流域遺跡詳細分布調査報告書（二）　菊池川下流域遺跡詳細分布図　玉名市　図2」平成三年　玉名市役所秘書企画課　発行
〔60〕田邊哲夫　一九九七「企画展『郷土の刀剣・同田貫』ごあいさつ」玉名市立歴史博物館こころピア　有明印刷
〔61〕寺本直廉　一七八四「古今肥後見聞雑記（抄）」（別称　寺本直廉覚書　一巻　天明四年（一七八四）「玉名市史　資料編　2　地誌」p.210-211.　玉名市資料編集委員会編　玉名市　一九九二　pp.647
〔62〕宇野廉太郎　一九五一「肥後同田貫剣工の遺跡」『日本談義』復活一三号（昭和二六年十二月号）
〔63〕吉田荘一郎　二〇〇五「二　伊倉町」玉名市史通史篇上巻第五巻近世第四章高瀬町の展開と高瀬御蔵　玉名市立歴史博物館こころピア編　玉名市

跋文　磯野直秀

力作の御論文「明治の西洋動物学の黎明　木下熊雄」を一読、木下熊雄先生の研究内容、生涯がとてもわかりやすく、詳細にまとめられており、素晴らしい報文です。木下先生の採集標本、そして研究成果は、現在の深海・冷水域サンゴ分野の基礎となっているようですが、松本さんのこの御報文もまた、木下先生の伝記の基本資料として末長く残るでしょう。内容豊かな報文をおまとめいただいたことに、日本博物誌史の研究者として御礼を申します。動物学教室でも全く忘れられていた木下先生のことも、これで代々伝えられていくにちがいありません。本書一五〇頁に「社会から科学者に対して要求されている生活と文化に関係して科学を説明する知識も能力も、（現在の科学者は）江戸時代の教育を受けた幕末・明治の人々にはるかに劣る。今こそ、科学者が江戸時代の「人の視点から見る」博物誌を再評価し、過去の遺産を再度学び……」との指摘は、とても大切だと感じます。江戸時代の文人は文系・理系が一体になった人々でした。そのような文理を問わない研究者の道を、今後もぜひ歩んでいただきたいものです。

二〇一一年六月二十七日　磯野直秀

謝辞およびあとがき

磯野直秀先生からの跋文は、本書の第四章であげた木下熊雄についての最初の論文についていただいたコメントである。御夫人の磯野裕子氏には手紙の使用について御許可いただき大変感謝している。磯野先生とはわたしが高校生のときに、将来海洋生物学に進むにあたっての進路のアドバイスをいただいたときからのご縁である。

磯野先生御自身も木下熊雄と同じ東京大学理学部動物学教室出身である。三崎臨海実験所においてウニの研究などから生物学の研究を始めたが、先生の研究で最も有名なものは、第四章でもとり上げたエドワード・シルベスター・モースの来日について詳しく調べた『モースその日その日』や、第三章におけるデーデルラインの『日本動物相の研究・江ノ島と相模湾』の全訳、また木下熊雄が東京帝國大学在学中に研究拠点とした動物学教室の三崎臨海実験所について記述した『三崎臨海実験所を去来した人たち』など、幕末から明治の日本の博物誌についてであった。近年は、明治時代についてはもうやり終わった、などと仰って、江戸時代の博物学について精力的に調べておられた。

わたしは小さいころから海洋生物学に進みたいと思ってはいたが、将来磯野先生と同じ博物学について何か書くことがあるとは思ってもみなかった。海洋生物学の一分野である深海・冷水域サンゴの中の特に八放サンゴ類を中心として研究していたわたしが、唯一の先人研究者である木下熊雄を調べていることを知った先生は、先生ご自身が集めた三崎臨海実験所や明治の動物学に関する資料・写真を多く提供してくださった。先生から資料をいただく合間に「木下熊雄についての報文の完成を楽しみにしています」というお手紙を何度もいただくのはかなりプレッシャーであったが、第四章の論文を読んでとても喜んでくださり、跋文にあるようなありがたいコメントをいただけたのを大変嬉しく思う。ここに深く御礼申し上げる。

じつは本文中でとりあげた土佐・足摺の珊瑚漁船に調査で乗ったことがある。ちょうど一〇〇年ほど前に木下熊雄が調査に来た、まさにその同じ海域である。調査の前日、船長は、明朝は早いと漁師じゃない人は大変だろうから遅めに朝五時に出港する、と言った。珊瑚網を曳いた帰りは午後一五時くらいだったが、魚が跳ねるのを目に留めた漁師さんは、船を走らせながら手早く釣り糸を流し、今夜の食卓用の鰹を数匹釣りあげたのだった。多分、昔も珊瑚漁の合間このようにのんびりと魚を釣っていたのかもしれない。昔の資料によると、土佐の珊瑚漁船は朝の四時ぐらいから午後一五時ぐらいまで操業するのが慣習だったようであるが、それは現在でも変わらないようであった。

同じ漁船でも有明海の南端の三角港《みすみ》で見た漁船は全く異なった姿をしていた。それには三角帆がついており、エンジンを切り、ゆったりと帆だけで海の上を渡っていったのであった。残念ながらわたしは和船には乗ったことが無いのであるが、三角港の漁船の滑らかで静かな動きは、木下熊雄が三角港に船を浮かべて調査をしていた頃は、こんな感じだったのであろうなと思わせた。

熊本における木下熊雄のことを調べようと、最初に伊倉《いくら》に尋ねて行ったときには全く当てが無く、木下熊雄についてゆかりの場所を誰か知っている人はいないかと、伊倉駅、お寺（来光寺）、伊倉のガソリンスタンドなどで片っ端から聞いて回ったところ、当時玉名市議であった松本重美氏に連絡を取ってくださり、松本市議自らが木下家ゆかりの墓所や当時木下熊雄が住んでいた別宅などを案内してくださった。松本市議、四ヵ所雪男氏、伊倉町の方々に感謝している。

翌年、玉名市立歴史博物館には木下順二氏寄贈「木下家文書」の調査もさせていただき、木下家の菩提寺である光専寺で熊本大学名誉教授吉田正憲氏と、木下熊雄の甥である木下国助氏の御長女迈子氏（吉田氏夫人）と直接話をする機会もセッティングしていただいた。吉田正憲氏、迈子氏には木下家に関する貴重な話を多く聞かせていただいた。この本に反映することができて感謝している。また、玉名市立歴史博物館こころピアの館長・牧野吉秀氏、村上晶子氏、高田智華氏と、そして光専寺前坊守・高木久美子氏、現住職・高木幸照氏、坊守・伊都子氏にも御礼申し上げる。

このとき、伊倉小学校で木下熊雄についての講演もさせていただいたのであるが、そのチラシが伊倉駅に貼ってあったのを見かけて、わざわざ佐賀から駆けつけてくださったのが惣庄屋跡の屋敷に住んでいた縁戚の佐賀の木下正子氏（木下正範氏夫人）であった。ちかくに親戚の木下家が住んでいたという話は木下正範氏よりずっと聞かされていたとのことであったが、木下家についての詳細は何も分からないとのことであった。松本の講演は木下家の話であるから、これは聞きに行かなければと思って再度講演の日に佐賀から来た、と仰っていたのが印象的であった。講演にいらしていただき感謝する。

また後日、その時の伊倉小学校での講演を聞いた子供たちが地域活動として木下家の墓地の清掃をするようになった、と新聞に報じられたことを、のちに松本市議からお聞きしてとても嬉しく思っている。

伊倉、菊池を初めとする熊本の調査旅行のお土産として、磯野先生に加藤清正の朝鮮飴の変種（？）である「柿求肥」をお送りしたところ、磯野先生が昭和二〇年秋から二二年春の頃、熊本に居たとのことで、当時は朝鮮飴は飛び切りの高級品で、なつかしい菓子です、とお手紙をいただいた。それで初めて磯野先生が熊本に地縁があることを知った。その後「柿求肥」をお送りするたびに同じ話をお聞きし、また磯野裕子夫人からもそのお話を伺ったことから、磯野先生にとって熊本は深い思い入れがある土地だったのだと気がついた。

わたしが「木下熊雄」について調べ、書くきっかけは、第一章に引用した熊本日日新聞（二〇〇九年二月二二日）にあるように、深海・冷水域サンゴの研究をしていくにあたって唯一の日本人の先人研究者が木下熊雄であったからである。木下熊雄が研究標本や論文・報文などに残した軌跡を追う過程で、その人物像が浮かび上がってくるのは非常に楽しい作業であった。

本書の刊行にあたっては「人間と歴史社」編集部の佐々木久夫氏はじめ井口明子氏、鯨井教子氏には大変お世話になった。ここに感謝する。

本書および元の論文のための調査にあたっては、その他にも多くの方のお世話になった。調査航海での淡青丸・白鳳丸の船長および船員の方々、熊本県立濟々黌高等学校の方々、東京大学理学部の上島励氏、熊本日日新聞の井上智重氏、富田一哉氏、スミソニアン博物館のDr.F.M.Bayer、ウィーン自然史博物館Dr. Sattman, Mr.Stefen、オランダ・ライデン自然史博物館、Dr.Leen van.Ofwegen、Dr.Bastian T. Reijnen、テルアビブ大学のDr. Yehuda Benayahuなど調査にかかわったすべての方に御礼申し上げる。

二〇一四年七月二一日（海の日）

松本亜沙子

■ 著者略歴

松本亜沙子（まつもとあさこ）

理学博士（海洋生態学・深海生物学）。東日本国際大学特任准教授。
東京大学総合文化研究科広域科学専攻広域システム科学系博士課程、海洋研究開発機構研究員を経て、東京大学理学系研究科地球惑星科学専攻（理学博士）。2006年、東京大学海洋研究所でHADEEPプロジェクトを立ち上げる。2008年、International Symposium on Deep Sea Coral(国際深海サンゴシンポジウム)国際運営委員。現在、麗澤大学比較文明文化研究センター客員教授、千葉工業大学地球惑星探査研究センター(PERC)非常勤研究員を兼任。

海洋生物学《かいようせいぶつがく》の冒険《ぼうけん》

2014年8月30日　初版第1刷発行

著者　松本亜沙子
発行者　佐々木久夫
発行所　株式会社 人間と歴史社
東京都千代田区神田小川町 2-6　〒 101-0052
電話　03-5282-7181（代）/ FAX　03-5282-7180
http://www.ningen-rekishi.co.jp
印刷所　株式会社 シナノ

ISBN 978-4-89007-194-4　C0045